통계적 사고의 힘

통계적
사고의 힘

The Art of
Statistical
Thinking

앨버트 러더퍼드, 김재현 지음

박경은, 김형표 옮김

성균관대학교
출 판 부

차례

제3장

통계적 사고

제4장

통계는 실생활에서 어떻게 적용되는가?

제5장
통계의 잘못된 해석

들어가는 말

우리는 매일 결정을 내린다. 자신의 삶은 물론 사랑하는 사람들의 삶을 바꿀 수 있는 중대한 결정을 할 때도 있다. 개인만 결정을 내리는 것은 아니다. 기업, 법원, 정부 및 국제기구도 대규모로 결정을 내린다. 기업은 우리 직업에, 법원은 사법제도에, 정부는 국민의 일상생활에 긍정적이거나 부정적인 방식으로 영향을 미칠 수 있는 결정을 내린다. 그렇지만 이러한 결정은 보통 불완전한 정보와 불확실성 아래에서 이루어진다.

의사결정자들은 대부분 우리 사회에 이익이 되도록 올바른 결정을 하고자 한다. 하지만 잘못된 결정을 내릴 때도 있고, 그에 따른 비용을 지불할 수도 있다. 잘못된 결정에 따른 비용은 개인적인 비극에서부터 인류 역사의 흐름을 바꾸는 것에 이르기까지, 그 영향은 매우 파괴적일 수도 있다. 그렇다고 미리 걱정부터 하지는 말자.

이를테면 지금 당신이 은퇴를 위해 투자 결정을 내려야 하는 상황이라고 가정해 보자. 이를 위해 지난 5년간 투자 펀드의 평균 수익률이 어떠했는지 확인할 것이다. 최근 부동산 시장의 성장에 대한 언론 보도를 읽고, 암호 화폐 투자로 큰돈을 벌어

단박에 부자가 된 이야기도 듣는다. 그와 다르게 잘못된 투자나 사기로 평생 저축한 돈을 모두 잃은 사람들에 대해서도 듣게 된다. 그런데 투자 펀드 정보에는 아주 작은 글씨로 "과거의 성과가 반드시 미래의 성과를 나타내는 것은 아니다"라는 주의 사항이 명시되어 있다. 이는 누구나 자신의 투자 결정이 불확실할 수 있다는 의미이다. 따라서 우리는 정보에 입각하여 결정을 내리는 방법을 배워야 한다.

만약 다양한 펀드들을 표본으로 추출하고, 추출된 표본들을 부동산 시장의 펀드들과 비교하고, 세계 경제의 미래 전망을 연구하고, 워런 버핏 같은 투자 전문가들로부터 배우고, 친구들과 조언자들의 말을 귀담아들은 후에 결정을 한다면, 결국에는 상당한 성과를 거둘 수 있는 정보에 입각한 결정을 했을 가능성이 높다. 즉, 정보에 입각한 결정을 내리기 위해 모집단으로부터 표본을 뽑고, 그 표본으로부터 정보를 확인하고 배우게 되는데, 이것이 바로 '통계적 사고Statistical thinking'이다. 당연히 자신이 뽑은 표본들이 최대한 다양하고 여러 정보를 담고 있을수록, 올바른 결정을 내릴 가능성이 높을 것이다.

이 책은 누구나 통계를 이해할 수 있고, 통계적 사고의 도움을 받아 정보에 입각한 의사결정을 내릴 수 있는 방법에 대해 설명하려 한다. 그런데 통계는 교묘히 조종되거나 잘못 해석될 수 있다는 문제점도 있다. 만약 통계적 지식이 매번 정직하고 정확한 방식으로 제시되고 활용된다면, 항상 장밋빛 결과가 얻어질 수는 없을 것이다. 우리는 통계를 보고하는 사람들의 의도가 아니었음에도 불구하고, 왜곡되고 잘못된 숫자와 결과를 자주 보게 된다. 이 책은 독자들이 전문 통계학자 수준의 더 나은 이해력과 의사결정 기술을 습득하도록 돕기 위한 것이다. 첫 번째 장에서는 통계의 정의와 기본 개념을 검토하게 될 것이다. 통계에 관한 책이므로 수학적인 세부 사항을 소개하는 것은 불가피하다. 그러나 이러한 세부 사항에 대해 완전한 이론적 배경을 제공하기보다는 필요한 경우에만 최소한으로 제시할 계획이니, 너무 큰 부담을 갖지는 않길 바란다.

제1장

정의와
기본 개념

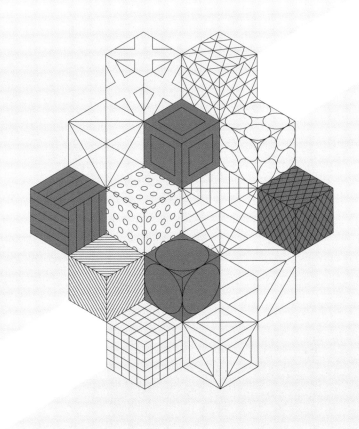

1. 표본 대 모집단

어떤 투자자가 미국 주식 시장에 투자한 후, 향후 5년간의 평균 수익률을 알고자 한다. 뉴욕 증권 거래소(NYSE)에 상장된 주식은 약 2,400개(2022년 8월 기준) 정도이며, 주식 포트폴리오를 구성하려면 관리 가능한 주식이 몇 개인지 선택해야 한다. 하지만 2,400개나 되는 모든 주식의 평균 수익률을 계산할 필요는 없다. 수익률이 너무 낮거나 반대로 너무 위험해서 투자할 가치가 없는 주식들이 있기 때문이다. 투자자는 자신의 투자 스타일에 맞는 일련의 주식만 선택하면 된다.

이 예제에서 뉴욕 증권 거래소의 모든 주식의 집합을 통계 전문 용어로 **모집단**Population이라고 하며, 모든 주식의 부분 집합을 **표본**Sample이라고 한다. 모집단의 모든 구성원들로부터 정보를 수집하는 것은 비용이 너무 많이 들고 시간도 오래 걸릴 뿐 아니라, 심지어 불필요하다. 차라리 표본을 관찰해 평균 수익률에 대한 좋은 지표를 얻을 수 있다. 이처럼 표본을 추출하는 방법은 매우 중요하며, 연구의 목적이나 당면한 통계 과제의 목적에 따라 크게 달라진다.

이 투자자의 목표가 안정적인 대기업에 투자해 상대적으로 낮은 위험의 꾸준한 수익을 얻는 것이라고 가정해 보자. 그렇다면 보잉Boeing, 코카콜라, 마이크로소프트, 프록터 앤드 갬블Proctor & Gamble 같은 30대 주요 기업의 주식으로 구성된 다우 지수Dow Jones index가 좋다. 만약 투자자의 목표가 높은 위험을 감수하면서도 더 높은 성장률로 더 높은 수익률을 달성하는 것이라면, 아마존, 애플, 이베이, 구글 등 상위 기술주와 IT주를 주로 포함하는 나스닥-100 지수가 좋다. 투자자는 다우 지수나 나스닥-100 지수 등의 평균 수익률을 확인하면서 이들 종목의 성과에 대한 명확한 지표와 인상을 얻을 수 있다. 노련한 투자자는 목표와 위험-수익 선호도에 따라 자신의 표본을 선택할 것이다.

독자와 나누기

미국의 3대 종합 주가 지수

주가 지수는 주식 시장의 변동성을 하나의 지표로 표시한 것으로, 미국에는 약 5,000여 개의 주가 지수가 존재한다. 그중에서 다우존스 산업 평균 지수(다우 지수), 나스닥 종합 주가 지수(나스닥 종합 지수), S&P 500 지수는 미국 3대 종합 주가 지수라고 불리며 세계 증시에도 영향을 미치고 있다. 이러한 종합 주가 지수는 주식 시장에서 전체적인 주가 흐름을 쉽게 파악하기 위해 지표로 만들어진 것이다.

1. 다우 지수

다우 지수는 다우존스를 설립한 찰스 다우가 만든 주가 지수이다. 30개의 우량기업 주식으로 구성되어 있으며, 이 기업들은 모두 미국 증권 거래소에 상장되어 있다. 다우 지수에 포함된 기업으로는 3M, IBM, 애플, 나이키, 맥도날드 등 세계적으로 유명한 기업들이며 다우 지수에 포함된 기업은 S&P 500 지수에도 모두 포함되어 있다.

2. 나스닥 종합 주가 지수

나스닥 종합 주가 지수는 나스닥*NASDAQ, National Association of Securities Dealers Automated Quotations*에 상장되어 있는 모든 기업의 주가 지수이다. 소프트웨어, 생명공학, 반도체 등을 포함한 기술 시장이 주를 이루고 있고, 특히 금융, 보험, 운송 등 다양한 분야의 기업이 포함되어 있다. 또한 100개의 우량 기업을 따로 모은 나스닥-100 지수가 있는데, 이는 나스닥의 대표 지수로 평가된다.

3. S&P 500 지수

S&P 500 지수*Standard & Poor's 500 Stock Index*는 500개 대형 기업의 주식을 포함하며, S&P는 무디스*Moody's Investors Service*, 그리고 피치*Fitch Ratings*와 함께 세계 3대 신용평가 기관으로 알려져 있다. S&P 500 지수는 다우 지수에 비해 시장 전체 동향 파악에 용이하다. 또한 S&P 500 지수는 미국 증시 전체 가치의 약 80%를 차지하고 있어 미국 시장 전반의 움직임을 잘 보여주며, 이런 이유로 미국 증시를 대표하는 지수라고 본다. S&P 500 지수에 포함된 기업으로는 대표적으로 애플, 마이크로소프트, 아마존, 페이스북 등이 있으며, 지수 종류로는 공업주, 운수주, 공공주, 금융주가 있다.

중요한 점은 표본이 목표 모집단을 잘 나타내야 한다는 것이다. 투자자가 안전하고 안정적인 수익을 원하지만 자신이 선택한 표본이 고위험 주식이라면 투자 목적을 효과적으로 달성하지 못할 수 있다. 따라서 통계적 연구의 목적을 고려하여 목표 모집단을 결정해야 한다.

모집단을 잘 나타내는 표본은 순수 무작위 표본추출[1]을 통해 얻을 수 있다. 즉 모집단의 구성원을 동일한 확률로 선택하게 되는데, 예를 들어 정치적 여론조사에서, 모든 유권자들은 동등하게 대우를 받으며 동등한 기회로 선택된다. 이러한 상황에서 편향되지 않고 모집단을 잘 대표하는 표본이 선택된다. 이후 장에서는 무작위 표본추출 원칙을 위반하여 발생한 역사상 가장 비참한 여론조사 결과와 사례에 대해 이야기해 볼 것이다.

2. 기술통계

기술통계는 표본의 특징을 요약하고(요약 통계) 시각화하여 (시각화 방법) 나타내는 통계의 한 분야이다. 요약 통계에는 표본 값의 중심 경향을 설명하는 **평균**과 **중앙값**[2] 등과 표본값의 퍼져 있는 정도인 변동성[3]에 대한 측도로 **분산**과 **표준편차** 등이 포함 된다. 시각화 방법에는 표본값의 분포에 대한 시각적 인상을 만 드는 데 사용되는 그림, 차트 및 그래프가 포함된다.

◇ 평균과 중앙값

평균Mean은 표본값들에 대한 평균값Average[4]이며 평균의 공식 은 다음과 같이 쓸 수 있다.

$$\overline{X} = (X_1 + X_2 + \cdots + X_n) / n$$
$$= \frac{1}{n}X_1 + \frac{1}{n}X_2 + \cdots + \frac{1}{n}X_n \quad (1)$$
$$(X_1, X_2, \cdots, X_n \text{는 자료의 값, n은 표본크기})$$

즉, 표본평균 $\overline{X}$은 모든 표본값 $X_1, X_2, \cdots, X_n$의 합을 표본크 기 n으로 나눈 값이다. 또는 각 표본값의 가중치가 1/n로 동일한 가중합*Weighted Sum*[5]으로 해석할 수 있다.

중앙값*Median, 중위수*은 자료를 크기순으로 나열했을 때 '한가운데' 위치하는 값이다. 통계 용어에서 중앙값은 자료를 오름차순 또는 내림차순으로 정렬할 때 정렬한 자료의 가운데에 위치한 값으로 정의된다. 자료의 수가 홀수일 때는 '한가운데 자료'가 한 개뿐이므로 그것이 중앙값이 되며, 자료의 수가 짝수일 때는 한가운데 자료가 두 개이므로 두 자료의 평균이 중앙값이 된다. 1, 2, 3, 4, 5인 다섯 개의 표본에 대한 중앙값은 한가운데 값인 3이며, 1, 2, 3, 4, 5, 6인 여섯 개의 표본에 대한 중앙값은 한가운데 값 3과 4의 평균인 3.5이다. 이 두 경우 표본의 평균을 구하면 각각 $(1+2+3+4+5)/5 = 3$, $(1+2+3+4+5+6)/6 = 3.5$이다. 따라서 두 집단은 모두 평균과 중앙값이 같다.

자료	1, 2, 3, 4, 5	1, 2, 3, 4, 5, 6
평균	3	3.5
중앙값	3	3.5

그러나 일반적으로 평균과 중앙값은 서로 다르다. 특히 평균은 극단적인 값, 즉 상대적으로 매우 크거나 매우 작은 값에 영향을 많이 받는다. 이런 경우에 평균보다 중앙값이 자료의 전체적인 특징을 더 잘 나타낼 수 있다. 예를 들어 극단적인 값이 포함된 표본 1, 2, 3, 4, 20에 대하여 평균과 중앙값을 구하면 다음과 같다.

자료	1, 2, 3, 4, 20
평균	(1+2+3+4+20)/5=6
중앙값	3

만약 이 분포에서 극단적인 값 20이 다른 값과 비교해 비정상적이고 목표 모집단을 나타낸 값이 아니라면, 평균 6은 극단적인 값 20에 영향을 받은 것이므로 자료를 대표하는 값으로 선택하기에 부적절하다. 그리고 평균 6보다 중앙값 3이 대푯값으로 더 적절하다.

평균보다 중앙값을 사용하는 실제적인 예는 집값이 대표적이다. 예를 들어 어느 연구원이 중산층이 모여 사는 교외의 평균 집값에 관심이 있다고 하자. 그런 교외에서도 고급 주택은 늘 포함되어 있으며 이런 고가의 집값은 교외의 일반적인 집값이라고 할 수 없다. 따라서 이 경우 중앙값을 사용하여 이러한 극단적인 고가의 집값에 영향을 받지 않는 것이 타당하다.

평균과 중앙값은 분포의 **왜도**Skewness[6]와 밀접한 관련이 있다. 여기서 왜도란 확률분포에 대한 비대칭의 정도를 파악하는 측도이다. 왜도가 0이면 정규분포 곡선과 같은 대칭 분포임을 뜻한다. 표본 1, 2, 3, 4, 5에서와 같이 평균을 중심으로 대칭인 분포는 평균과 중앙값이 동일하거나 실질적으로 같다. 그러나 분포가 어느 한쪽으로 치우친 비대칭인 경우에는 평균과 중앙값이 다를 수 있다. 표본 1, 2, 3, 4, 20의 분포는 왼쪽으로 치우친 비대칭 분포로 평균이 중앙값보다 크다.

최빈값 < 중앙값 < 평균   최빈값 = 중앙값 = 평균   평균 < 중앙값 < 최빈값
오른쪽 꼬리분포   대칭 분포 (왜도=0)   왼쪽 꼬리분포
정적편포 (왜도>0)   부적편포 (왜도<0)

이 그래프들은 분포의 다양한 모양과 평균 및 중앙값의 위치를 나타낸다. 이 그래프가 회사의 모든 영업 사원의 성과 분포[7]라고 가정해 보자. 대칭 분포는 높은 성과를 낸 영업 사원과 낮은 성과를 낸 영업 사원의 비율이 같거나 유사함을 의미한다. 이 경우 평균과 중앙값은 거의 같다. **정적편포***Positive skewed Distribution*는 매우 유능한 성과를 낸 영업 사원이 소수임을 의미한다. 이 경우 매출액의 평균은 이들의 실적 때문에 부풀려질 수 있다. 따라서 판매 관리자가 '평균 영업 사원'의 성과를 나타내는 대푯값을 원한다면 중앙값을 사용하는 것이 적절하다. 반대로 **부적편포***Negatively skewed Distribution*는 매우 유능한 성과를 낸 영업 사원이 대다수임을 의미하므로 매출액의 평균이 과소평가될 가능성이 있다. 따라서 정적편포와 마찬가지로 평균보다 중앙값이 대푯값으로 적절하다.

◇ 분산과 표준편차

일련의 값을 분석하거나 제시할 때는 분포의 중심을 아는 것이 중요하다. 그러나 이러한 값들의 **산포도**Dispersion와 변동성 Variability을 이해하는 것 또한 중요하다. 지난 1년 동안 동일하거나 유사한 매출 또는 평균 매출을 기록한 두 명의 영업 사원이 있다고 해보자. 관리자는 누가 더 일관된 성과를 냈는지 평가함에 있어 1년 동안의 매출 산포를 비교할 것이다.

산포도의 측도인 **분산**Variance 및 **표준편차**Standard Deviation는 표본값이 평균 주위에 얼마나 흩어져 분포되어 있는지를 나타낸다. 평균으로부터 표본값까지의 거리인 편차 $X_i - \overline{X}$를 제곱하면 모두 양수가 되며, 각 편차의 제곱 $(X_i - \overline{X})^2$의 평균값을 분산(s^2)이라 하고 공식은 다음과 같다.

$$s^2 = \frac{(X_1 - \overline{X})^2 + \cdots + (X_n - \overline{X})^2}{n-1} \quad (2)$$

이 공식의 계산 절차를 표로 정리하면 아래와 같다. 표준편차 s는 분산의 양의 제곱근(단, 분산이 0이 아닌 경우)으로 정의된다.

$$s = \sqrt{s^2} \quad (3)$$

그리고 표준편차는 분산의 양의 제곱근이므로 표본값과 동일한 단위를 갖는다.

X	$X_i - \bar{X}$	$(X_i - \bar{X})^2$
1	-2(=1-3)	$(-2)^2$=4
2	-1(=2-3)	$(-1)^2$=1
3	0(=3-3)	0^2=0
4	1(=4-3)	1^2=1
5	2(=5-3)	2^2=4
합		10

$\bar{X}$=3

표본값 1, 2, 3, 4, 5와 이에 대한 표본평균 $\bar{X}$ = 3을 가지고 예를 들면, 분산은 오른쪽 열의 숫자 4, 1, 0, 1, 4의 합을 4(=5-1)로 나눈 값, 10/4 = 2.5이고 표준편차는 s=$\sqrt{2.5}$ ≒1.58이다. 그리고 표본값이 평균 3으로부터 1.58 단위로 흩어져 있다고 해석할 수 있다.

표본 분산을 구할 때 n으로 나누지 않고 n-1로 나눈 것에 대한 설명은 이 책의 범위를 벗어난다. 그래도 간단하게 추가 설명을 하면, 표본크기가 작을 때 분산의 계산을 더 정확하게 하기 위해 n-1로 나누었다고 이해하면 된다. 사실 표본크기가 크면 n으로 나누나 n-1로 나누나 실질적인 차이가 없다. 중앙값을 기준으로 한 분산으로 사분위수 범위가 있는데, 이에 대해서는 이후에 소개한다.

산포도

두 농구팀 A, B가 최근 10경기에서 성공한 3점 슛의 수(단위: 개)를 정리한 표와 막대그래프이다.

경기 회차(회)	1	2	3	4	5	6	7	8	9	10
A	9	8	8	9	8	7	9	8	7	7
B	9	10	10	7	6	5	9	6	10	8

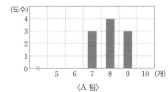

〈A 팀〉

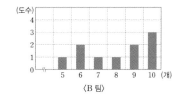

〈B 팀〉

- 두 농구팀 A, B의 3점 슛의 수에 대한 평균을 각각 구하면 모두 8(개)이다. 그러나 막대그래프에서 분포 상태가 서로 다르다는 것을 알 수 있다.
- A팀의 3점 슛의 수는 B팀의 3점 슛의 수에 비해 평균 주위에 더 가까이 모여 있다.
- B팀의 3점 슛의 수는 A팀의 3점 슛의 수에 비해 평균으로부터 좌우로 더 멀리 흩어져 있다.

이와 같이 대푯값이 같더라도 변량의 분포 상태가 서로 다를 수 있으므로 변량이 흩어져 있는 정도를 하나의 수로 나타낸 값, 즉 산포도가 필요하다.

자유도와 표본분산

▶ 자유도Number of degrees of freedom는 주어진 조건하에서 자료 중 자유로
이 값을 취할 수 있는 관찰 수 또는 통계적 추정을 할 때 표본자료 중 모
집단에 대한 정보를 주는 독립적인 자료의 수이다.

▶▶ 표본 n개를 선택할 때, 마지막 1개는 모집단의 평균과 같게 표본 집합
을 구성하도록 선택되어져야 하므로 그 자유를 상실하게 되어 자유
도가 n-1이다.

▶▶ 10개 관측치 자료의 평균이 3.5라 할 때, 10개의 총합이 35가 되며,
9번째 값까지 자유의지대로 자료를 지정할 수 있다. 예를 들어 9개의
값이 34, -9.3, -37, -92, -1, 0, 1, -22, 99라면 마지막 10번째 자료는
62.3으로 정해진다. 그러므로 자유도는 10-1=9이다.

▶ 추측통계를 위하여 사용되는 표본의 분산추정량은 분모를 n-1로 놓고
계산한다.

$$\text{표본분산} = \frac{\sum_{i=1}^{n}(X_1 - \overline{X})^2}{n - 1}$$

▶▶ 표본분산을 계산하기 위해 총 사례수 n으로 나누면 모집단의 분산 결
과보다 항상 작게 나온다. 따라서, 분모를 n-1로 놓고 계산해야 정확
한 모집단의 분산이 추정된다.

▶▶ n-1로 나누는 이유는 표준편차의 불편추정량Unbiased estimator을 얻기
위해서이다.

<증명> $E(s^2) = E\left(\dfrac{\sum_{i=1}^{n}(X_i - \overline{X})^2}{n - 1}\right) = \dfrac{1}{n-1}E\left(\sum_{i=1}^{n}(X_i - \overline{X})^2\right) = \dfrac{1}{n-1}E\left(\sum_{i=1}^{n}(X_i - \mu + \mu - \overline{X})^2\right)$

$= \dfrac{1}{n-1}E\left(\sum_{i=1}^{n}\left((X_i - \mu) - (\overline{X} - \mu)\right)^2\right)$

$= \dfrac{1}{n-1}E\left(\sum_{i=1}^{n}\left((X_i - \mu)^2 - 2(X_i - \mu)(\overline{X} - \mu) + (\overline{X} - \mu)^2\right)\right)$

$= \dfrac{1}{n-1}E\left(\sum_{i=1}^{n}(X_i - \mu)^2 - 2(\overline{X} - \mu)\sum_{i=1}^{n}(X_i - \mu) + \sum_{i=1}^{n}(\overline{X} - \mu)^2\right)$

$$\left(\because \sum_{i=1}^{n}(X_i - \mu) = \sum_{i=1}^{n} X_i - \sum_{i=1}^{n} \mu = n\overline{X} - n\mu = n(\overline{X} - \mu) \text{ 이므로} \right)$$

$$= \frac{1}{n-1} E\left(\sum_{i=1}^{n}(X_i - \mu)^2 - 2n(\overline{X} - \mu)^2 + n(\overline{X} - \mu)^2 \right)$$

$$= \frac{1}{n-1} E\left(\sum_{i=1}^{n}(X_i - \mu)^2 - n(\overline{X} - \mu)^2 \right)$$

$$= \frac{1}{n-1} \left(\sum_{i=1}^{n} E(X_i - \mu)^2 - nE(\overline{X} - \mu)^2 \right)$$

$$\left(\because E(X_i - \mu)^2 = \sigma^2, \ E(\overline{X} - \mu)^2 = \frac{\sigma^2}{n} \text{ 이므로} \right)$$

$$= \frac{1}{n-1} \left(\sum_{i=1}^{n} \sigma^2 - n\frac{\sigma^2}{n} \right) = \frac{1}{n-1}(n\sigma^2 - \sigma^2) = \frac{1}{n-1}(n-1)\sigma^2 = \sigma^2$$

▶ (단) 기술통계에서 원소 N개의 모집단에 대한 모분산이나 원소 n개의 표본에 대한 표본분산을 계산할 때 분모를 N 또는 n으로 놓고 계산한다.

$$\text{모분산} = \frac{\sum_{i=1}^{N}(X_i - \mu)^2}{N} \ \text{ 또는 } \ \text{표본분산} = \frac{\sum_{i=1}^{n}(X_i - \overline{X})^2}{n}$$

3. 표본통계량과 모수

표본은 모집단의 부분 집합이고, 표본으로부터 계산된 통계량으로 표본평균 $\bar{X}$과 표본표준편차 s를 얻는다. 통계량을 사용할 때 최종적으로 알고 싶은 것은 모집단의 평균과 표준편차(이를 **모수**$Population\ Parameter$라 부름)이다. 모평균과 모표준편차는 그리스 문자 μ(뮤)와 σ(시그마)로 표기되며, 이는 절대로 알 수 없는 값이라는 의미를 담고 있다.

	표본의 통계량	모집단의 모수
평균	$\bar{X}$	μ
분산	s^2	σ^2
표준편차	s	σ
비율	$\hat{p}$	p
공분산	s_{XY}	σ_{XY}
상관계수	r_{XY}	ρ_{XY}

캘리포니아의 평균 가구 소득을 알고 싶다고 가정해 보자. **인구조사**$Census$[8]에서와 같이 캘리포니아 가구의 평균 소득을 확인하

기 위해 모든 가구를 방문한다면, 모평균 μ를 확인할 수 있다. 그러나 모든 가구를 방문해 모평균을 확인하는 것은 실현 불가능하며 모평균을 계산할 필요도 없다. 좋은 대표 표본으로도 모평균 μ에 대하여 많은 것을 알 수 있기 때문이다. 따라서 캘리포니아의 평균 가구 소득을 알고자 1,000가구를 임의로 표본추출하면 표본평균의 값을 얻을 수 있다. 만약 표본이 모집단을 잘 대표한다면, 표본평균이 모평균에 대한 좋은 지표일 가능성이 높다.

모평균, 모분산과 모표준편차의 공식은 다음과 같다.

$$\mu = \frac{X_1 + \cdots + X_N}{N} \quad (4)$$

$$\sigma^2 = \frac{(X_1 - \mu)^2 + \cdots + (X_N - \mu)^2}{N} \quad (4)$$

$$\sigma = \sqrt{\sigma^2} \quad (6)$$

(N: 모집단의 크기, X_1, X_2, $\cdots$, X_N: 모집단의 값)

위의 공식은 앞서 언급한 표본평균(1), 표본분산(2), 표본표준편차(3)와 유사하므로 그 결과도 유사하게 해석하면 된다. 앞서 제시한 예제에서 N은 캘리포니아의 총 가구 수이며, $(X_1, X_2, \cdots, X_N)$은 각 가구의 소득이었다. 만약 1,000가구를 임의로 선택하여 그들의 평균 소득을 구해 보니 75,000달러였다면, n = 1,000에 대한 표본평균이 $\overline{X}$ = 75,000이라고 한다. 그리고 표본평균 75,000이 모평균의 참값에 근접할 것으로 기대할 수 있다.

다른 예를 들어보자. 가상의 어떤 나라에서 대통령 선거에 참여하는 유권자의 수가 100만 명(N)이라 하고, 특정 후보자가 당선되려면 지지율이 0.5 이상이어야 한다고 해 보자. 지지율의 참값 p는 알려져 있지 않으므로, 표본으로 선정된 일부 유권자의 지지율 즉, 표본 비율 $\hat{p}$이 중요하다. 만약 표본 비율이 50.1%로 확인됐다면, 이 값은 모수 p의 추정값이라고 부른다. 표본이 모집단을 잘 나타낸다면, 표본통계량으로부터 얻은 추정값은 모집단의 모수를 예측하는 훌륭한 지표가 될 수 있다.

4. 상대적 위치를 나타내는 기술통계

자신의 IQ 점수가 115라고 가정해 보자. 표본이나 모집단의 다른 사람들과 IQ를 비교해서 자신이 얼마나 똑똑한지 궁금할 수 있다. 자신의 연간 수입이 5만 달러라고 가정해 보자. 표본이나 모집단의 다른 사람들과 비교해 자신이 얼마나 부유한지 또는 얼마나 가난한지 알고 싶을 것이다. 자신이 마라톤을 뛰었고, 3시간 기록으로 완주했다고 해 보자. 이 마라톤에서 자신이 몇 위를 했는지 그리고 모든 참가자와 비교하여 자신의 순위가 어디쯤 위치하는지 궁금할 것이다.

이 질문들은 통계학에서 또 다른 중요한 질문인 **상대적 위치**Relative Position를 묻는 것이다. 상대적 위치에 대한 측도로는 **백분위수**Percentile와 **사분위수**Quartile[9]가 대표적이다.

◇ 백분위수

백분위수는 크기가 있는 값들로 이뤄진 자료를 순서대로 나열했을 때 백분율로 나타낸 특정 위치의 값이다. 즉, 전체를 100개로 나누는 99개의 지점을 백분위수라고 한다. 일반적으로 크기가 작은 것부터 나열하여 가장 작은 것을 0, 가장 큰 것을 100으로 한다. 100개의 값을 가진 어떤 자료의 20백분위수는 그 자료의 값들 중 20번째로 작은 값을 뜻하며 50백분위수는 중앙값과 같다. 이를테면 가구 소득 분포에 있어 1백분위수가 130만 원이라면 1%의 가구가 대략 130만 원 이하의 소득을 번다는 말이고, 99백분위수가 8,000만원이라면 99% 이하의 가구가 8000만 원 이하의 소득을 벌고 나머지 상위 1%가 8,000만 원 이상의 소득을 번다는 뜻이다. 따라서 IQ 115가 90백분위수라고 한다면, 90백분위수보다 크거나 같은 관측값이 10%이고 작거나 같은 관측값이 90%이므로, 자신의 IQ 점수가 모든 IQ 점수 분포의 상위 10%에 있다는 것을 의미한다.

50,000달러의 소득이 분포의 40백분위수라고 한다면 하위 40%에 있음을 의미한다. 즉, 표본에 1,000명의 사람이 있는 경우 모든 소득이 오름차순으로 정렬될 때 50,000달러의 소득은 400번째 위치에 있다고 할 수 있다.

마찬가지로 마라톤 경기에 참가한 100명의 주자 중 당신이 세운 3시간의 기록이 75백분위수에 있다고 하면, 상위 25%에 있다는 의미이며, 이 기록보다 더 좋은 기록으로 경주를 마친 주자가 24명이고, 당신 뒤에 75명이 있다는 걸 알 수 있다.

◇ 사분위수

사분위수는 백분위수와 비슷하지만 전체를 100개로 나누는 대신 4개로 나누는 3개의 지점으로 다음 표와 같다.

사분위수	Lower	Higher	백분위수	
1사분위수	25%	75%	25백분위수	
2사분위수	50%	50%	50백분위수	중앙값
3사분위수	75%	25%	75백분위수	
4사분위수	100%	0%	100백분위수	최댓값

1사분위수는 위치가 하위 25%인 값으로, 25백분위수와 동일하다. 2사분위수는 중앙값이기도 한 50백분위수이다. 그리고 앞서 이야기한 마라톤 기록으로 돌아가 당신이 세운 3시간의 기록이 참가한 100명의 주자 중 75백분위수 즉 75%이므로 3사분위수이다.

◇ 사분위수 범위(IQR)

사분위수 범위_Interquartile Range_는 3사분위수와 1사분위수 사이의 차 Q_3-Q_1이며, 표준편차처럼 분포의 산포나 변동성에 대한 측도이다. 중앙값을 중심으로 1사분위수에서 3사분위수까지 사분위수 범위 안에 자료의 50%가 포함된다. 표준편차가 분포의 극단적인 값에 민감한 것과 다르게, 사분위수 범위는 중앙값과 마찬가지로 분포의 극단적인 값에 영향을 받지 않는다. 다음은 사분위수 범위의 예이다.

두 교외 지역의 집값을 조사한 결과, 집값의 50% 위치인 중앙값이 100만 달러로 비슷하다고 해보자. 연구원이 첫 번째 교외의 집값을 조사한 결과 1사분위수가 75만 달러이고, 3사분위수가 125만 달러로 사분위수 범위는 50만 달러(125만 달러 - 75만 달러)라는 것을 확인했다. 두 번째 교외의 집값에 대해 1사분위수가 50만 달러, 3사분위수가 150만 달러로 사분위수 범위가 100만 달러(150만 달러 - 50만 달러)였다. 집값의 50%를 포함하는 간격은 두 번째 교외의 집값이 훨씬 더 크며, 이는 두 번째 교외에서 집값의 변동성이 크다는 것을 나타낸다.

5. 자료의 시각화

시각화는 표본의 주요 특징을 쉽게 이해할 수 있도록 그래프나 수형도를 이용해 시각적으로 표현하고, 도표라는 수단을 통해 정보를 명확하고 효과적으로 전달하는 방법이다. 숫자로 가득 찬 도표보다 자료 특성에 대해 빠른 확인이 가능하고 강한 인상을 주는 경우가 많다.

미국 주식에 투자하기를 원하는 투자자가 있다고 해보자. 투자자는 나스닥-100 지수에 대한 표본을 수집하고 2021년 12월까지 지난 5년 동안 지수와 수익률이 어떻게 성장했는지 알고자 한다. 〈그림 1〉은 2017년부터 2021년까지 월별 수익률(성장률)에 대한 **시도표**Time Plot이다. 이 시도표에 따르면, 지수는 최근 5년간 상승세를 보이며 성장하고 있으며, 2020년 초부터는 그 추세가 더욱 가파르다. 월 수익률은 0% 전후로 변동하며 대부분의 값은 -10%와 10% 사이이다. 이러한 시도표는 지수가 지난 5년 동안 어떻게 성장했는지 명확한 인상을 제공한다.

히스토그램은 자료를 시각화하는 또 다른 잘 알려진 방법인데, 범위를 정하고 일련의 간격으로 값의 전체 범위를 나눈 뒤 각 간격의 도수를 직사각형으로 나타낸다. 〈그림 2〉는 나스

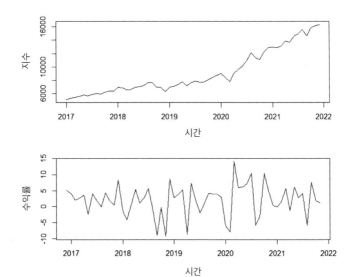

〈그림 1〉 나스닥-100 지수와 수익률에 대한 시도표　　　(Data source: Yahoo Finance)

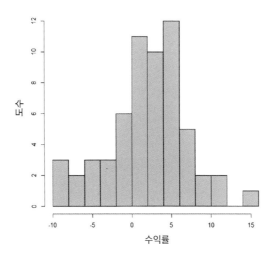

〈그림 2〉 나스닥-100 지수의 월간 수익률에 대한 히스토그램　　(Data source: Yahoo Finance)

닥-100 지수의 월간 수익률의 히스토그램을 보여주는데, 이는 월간 수익률이 0%와 5% 사이에 집중되어 있으며 대부분의 값은 -10%와 10% 범위에 있음을 보여준다.

월간 수익률에 대한 평균은 2.02%, 중앙값은 2.68%로, 2%를 조금 넘는 성장률로 지수가 상승하고 있다. 표준편차는 4.92%로, 평균으로부터 월 수익률에 대한 편차가 약 5%임을 나타낸다. 이처럼 그림과 요약 통계를 함께 이용하여 투자자는 지수의 성과에 대해 자세히 알 수 있다.

6. 두 분포 비교하기

지금 어떤 투자자가 같은 기간 동안의 나스닥-100과 애플 주식(APPL)의 주식 성과를 비교하고자 한다고 가정해 보자. 다음 표는 두 주식의 투자에 대한 월별 수익률을 앞서 논의한 기본 통계량으로 비교한 것이다.

나스닥-100과 APPL의 투자에 대한 월별 수익률(%)

	나스닥-100	APPL
평균	2.02	3.02
중앙값	2.68	5.00
표준편차	4.92	8.34
1사분위수	-0.18	-1.66
3사분위수	5.13	9.25
10백분위수	-5.89	-7.35
90백분위수	7.37	12.27

(Data source: Yahoo finance)

이 표의 수치는 나스닥-100과 APPL의 투자에 대한 여러 가지 세부 사항을 보여준다.

- 나스닥-100의 평균 수익률의 평균은 APPL의 평균보다 상당히 낮다. 나스닥-100의 평균과 중앙값은 월 2.02%와 2.68%이지만, APPL은 3.02%와 5.00%이다.

- 나스닥-100과 APPL 모두 중앙값이 평균보다 크며, 특히 APPL은 확실히 크다. 이는 분포가 왼쪽으로 꼬리가 긴 부적편포(왜도<0)이므로 매우 낮은 수익률도 포함한다는 의미이다. 즉, 나스닥-100과 APPL 모두 수익률이 떨어질 때, 폭락할 수 있다는 것을 의미한다. (특히 APPL!)

- 변동성(또는 산포도)은 APPL이 훨씬 더 크다. APPL의 표준편차 8.34 는 나스닥-100의 표준편차 4.92보다 거의 두 배 더 큰데, 이는 APPL이 평균 주위에서 훨씬 더 큰 변동을 가지고 있다는 것을 의미한다.

- APPL의 사분위수 범위는 10.91(9.25-(-1.66))이고 나스닥-100의 사분위수 범위는 5.31(5.13-(-0.18))이다. 즉, 중앙값 주위의 25%에서 75% 사이의 수익률에 대한 구간의 길이는 APPL이 나스닥-100에 거의 두 배가 된다.

- 10% 확률인 최악의 결과는 APPL이 -7.35%이고 나스닥-100이 -5.89%였다. 90% 확률인 최고의 결과는 APPL이 월 12.27%였으며, 나스닥-100은 7.37%였다.

이렇게 두 주식을 여러 가지 기술통계로 비교해 보니, APPL 투자의 경우 월별 수익률이 훨씬 높지만, 변동성이나 위험성이 상당히 높다는 것을 알 수 있다. 이러한 분석은 금융에서

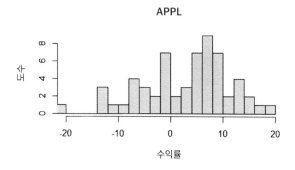

APPL

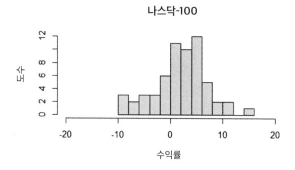

나스닥-100

잘 알려진 원칙 "더 높은 수익률은 더 높은 위험을 감수하는 것에 대한 보상이다"를 보여준다.

위 그림은 나스닥-100과 APPL의 투자에 대한 히스토그램이다. APPL의 분포가 나스닥-100보다 더 넓게 퍼져 있어 APPL의 변동성이 더 크다는 것을 확인할 수 있다. 요약 통계량은 숫자로 차이를 알려주는 반면, 히스토그램은 시각적으로 값들을 비교할 수 있다.

추가적인 시각적 비교를 위해, **상자-수염 그림**Box-Whisker plot이라고 불리는 또 다른 시각화 방법을 소개한다. 상자-수염 그

통계적 사고의 힘

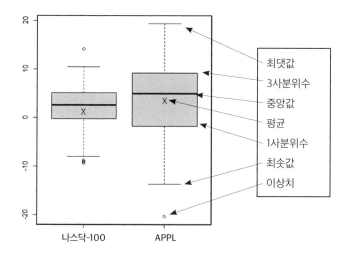

림은 평균, 중앙값, 1사분위수, 3사분위수, 최댓값 및 최솟값 그리고 **이상치**Outlier를 함께 표시한다. 가운데 있는 상자는 3사분위수와 1사분위수를 기준으로 나타내며, 상자의 높이는 사분위수 범위 IQR를 나타낸다. 상자-수염 그림에서 이상치는 $Q_1-(1.5 \times IQR)$ 또는 $Q_3+(1.5 \times IQR)$를 벗어난 값으로 정의할 수 있다[10].

다시 말하지만 APPL 투자는 월 수익률의 중앙값이 나스닥-100에 비해 대체로 높으며 월별 변동성 또한 나스닥-100보다 훨씬 높다. 어떤 투자를 선택할지는 투자자가 얼마나 위험을 회피하는지 또는 위험을 용인하는지에 따라 결정된다. 만약 당신이 용감한 사람이고 롤러코스터를 즐긴다면 APPL에 투자하는 것은 나쁜 선택이 아니다. 그러나 그와 반대의 성향이라면 더 안전한 옵션[11]을 위해 나스닥-100을 고수하는 것이 낫다.

7. 정규분포

앞에 소개된 〈그림 2〉는 표본값의 분포를 히스토그램 위에 나타낸 것이다. 통계에서 분포는 표본과 모집단 모두에서 중요한 특징이다. 표본의 분포는 〈그림 2〉와 같이 관찰이 가능하지만, 모집단의 분포는 알려져 있지 않으며 관찰할 수도 없다. 분포의 특징을 이해하는 것은 통계학의 근본적인 질문 중 하나이다. 예를 들어, 나스닥-100 지수에 대한 투자가 2% 이상의 수익률을 제공할 가능성은 얼마나 되는가? 캘리포니아에서 연간 소득이 5만 달러보다 낮은 가구의 비율은 얼마인가? 같은 질문에 대해 우리가 관찰한 표본의 분포를 사용하여 그 답을 예측할 수 있을 뿐이다. 다시 말해, 표본이 모집단을 잘 대표한다면, 표본의 분포는 모집단의 분포를 잘 반영할 수 있다.

반면에 통계에는 평균 및 표준편차와 같은 모수가 주어진 경우에 이를 이용하여 확률을 계산할 수 있는 알려진 분포가 몇 가지 있다. 그중에서 가장 근본적이고 널리 쓰이는 분포가 정규분포이다. 정규분포는 다음 장에서 논의될 추측통계의 핵심 분포이다.

정규분포는 종 모양의 분포로, 평균(또는 중앙값)을 중심으로

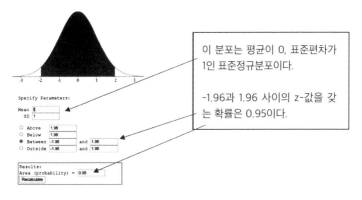

<그림 3> 표준정규분포

대칭이며 분포의 모든 점에서 확률값이 알려져 있다. 평균 μ와
표준편차 σ인 정규분포를 N(μ, σ²)로 표시한다. 평균이 0이고 표
준편차가 1인 특수한 경우를 표준정규분포라고 하며 N(0, 1)로
표기한다. <그림 3>은 표준정규분포의 그림과 설명이다.

평균과 표준편차의 값이 주어지면 구간 사이의 모든 확률
을 계산할 수 있다. 투자 수익률(%)이 표준정규분포를 따른다고
가정해보자. 수익률이 −1.96과 1.96 사이일 확률은 0.95(종 모양
의 어두운 영역)로 계산된다. 이것은 또한 꼬리 부분의 확률이 5%
라는 것을 의미한다(종 모양의 흰색 영역). 당신의 투자 수익률은
확률이 0.025인 −1.96보다 낮거나 1.96보다 높은 값을 취할 수
있다.

캘리포니아의 가구 소득이 평균 75,000달러, 표준편차
30,000달러의 정규분포를 따른다고 가정해 보자. 그러면, 캘리
포니아의 가계 소득 분포는 <그림 4>의 종 모양으로 표시된다.

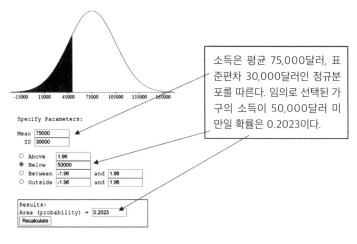

<그림 4> 정규분포의 적용

가구 소득이 5만 달러 미만일 확률은 분포에서 어두운 영역으로 나타나며, 이는 대략 0.20이다. 즉, 무작위로 가구를 선택할 때 소득이 5만 달러 미만인 가구일 확률이 0.20이다. 이것은 또한 무작위로 선택된 가구가 5만 달러 이상의 소득을 가질 가능성이 약 0.80(1-0.20)이라는 것을 의미한다.

8. 분포의 정규성 확인하기

정규분포는 통계학에서 가장 근본적이고 대중적인 분포이며, 실제 분포를 알 수 없을 때 기준이 되는 분포 또는 근사 *Approximation* 분포로 널리 사용된다. 이처럼 정규분포가 기준 또는 근사 분포가 된다는 것은 상황에 따라 유용할 수 있지만 그렇지 않을 수 있다는 의미도 담고 있다.

〈그림 5〉는 〈그림 2〉에서 본 나스닥-100 투자 수익률의 히스토그램이며, 평균 2.02와 표준편차 4.92인 정규분포와 겹친다.

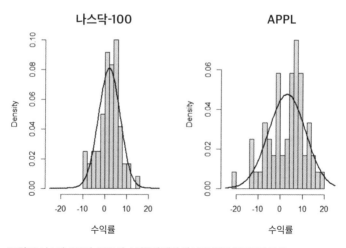

〈그림 5〉 나스닥-100과 APPL의 수익률에 대한 히스토그램과 정규분포 곡선

히스토그램은 정규분포와 유사하게 대칭이고 종 모양으로 보이지만, 미세한 세부 사항까지 정규분포와 일치하지는 않는다. 주식 수익률 분포를 정규분포로 근사시켜 사용하기도 하지만, 정규분포를 벗어난 값이 있다는 것은 너무도 당연하다.

Q-Q 그림Quantile-Quantile Plot(정규분포 분위수 대조도)은 그래픽 방법을 사용하여 표본분포의 정규성을 보다 명확하게 검사하며, 표본분위수(또는 백분위수)를 정규분포의 (이론)분위수와 연결한다. y축(수직)은 표본분위수를 나타내고 x축(수평)은 정규분포의 이론분위수를 나타내며, 표본이 표준정규분포를 따르는 경우, 표본분포의 백분위수와 정규분포의 백분위수 간에 평균 및 표준편차가 동일해야 한다. 격자 선은 두 축 모두에서 표준정규분포의 2.5백분위수, 50백분위수, 97.5백분위수인 (−1.96, 0, 1.96)에 있다. 즉, 표본분포의 95백분위수는 1.96과 일치해야 하며 표본분포의 50백분위수는 정규분포의 50백분위수인 0이어야 한다.

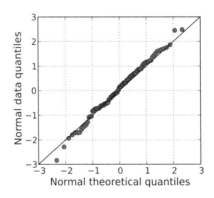

통계적 사고의 힘

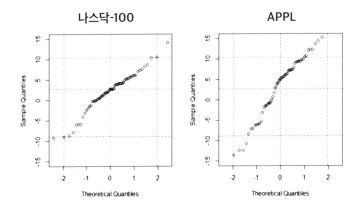

〈그림 6〉 나스닥-100과 APPL 수익률에 대한 Q-Q 그림

　위의 Q-Q 그림에서, 격자 선은 두 축 모두에서 (-1.96, 0, 1.96)에 있으며, 이는 정확히 일치하므로 표본은 정규분포로 잘 근사할 수 있다고 본다.

　〈그림 6〉은 나스닥-100과 APPL 수익률에 대한 Q-Q 그림이다. 나스닥-100 수익률은 정상 분위수와 어느 정도 유사해 보이는 반면, APPL 수익률은 정상 분위수와 상당한 차이를 보인다. 두 Q-Q 그림에 따르면 나스닥-100 수익률은 합리적인 정확도로 정규분포에 근사하지만, APPL 수익률의 근사치는 낮다고 본다.

Q-Q 그림(정규분포 분위수 대조도)

통계적 추론은 모집단이 정규분포를 따른다는 가정하에 진행되는 것이 대부분이다. 그러므로 통계적 추론의 방법을 적용하기 전에 자료에 대한 정규모집단의 가정을 검토해야 한다. 이때, Q-Q 그림은 수집된 자료를 표준정규분포의 분위수와 비교하여 그래프를 그리는 방법이며, 자료의 정규성 가정에 대한 검토에 이용된다.

Q-Q 그림에서 데이터가 45도 정도로 그어진 추세선에 맞아떨어질수록 자료는 정규분포에 가깝게 분포된다고 한다.

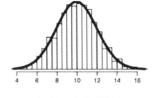

정규분포와 유사한 분포

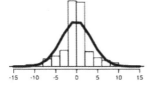
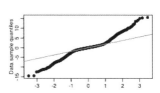

중앙에 자료가 몰린 분포

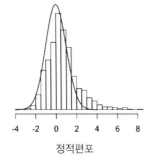
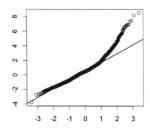

정적편포

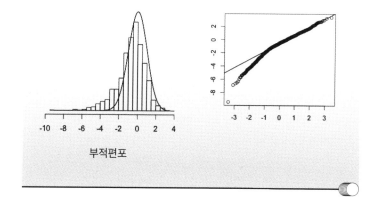

부적편포

9. 정리하면서

첫 장에서 통계의 기본 개념과 기술통계에 대해 아래의 키 워드를 사용하여 이야기하였다.

- 표본 및 모집단
- 평균 및 중앙값
- 표준편차 및 사분위 범위
- 백분위수 또는 사분위수
- 히스토그램, 시도표, Q-Q 그림, 상자-수염 그림
- 정규분포 및 표준정규분포

이 개념과 방법을 이해하고 실제 상황에 적용할 수 있다면, 이미 통계적 사고의 세계로 큰 걸음을 내디딘 것이다. 이러한 통계는 엑셀 같은 도구를 사용하여 생성할 수 있다.

엑셀(Excel)에서 상자-수염 그림 그리기

* 다음은 두 반의 수학 성적에 대하여 상자-수염 그림을 그려본다.

A반	100	81	52	92	94	67	92	63	52	79	98	83	66	56	64	94	60	71	50
B반	74	41	52	70	51	77	550	84	89	52	83	23	32	75	22	41	82	90	69

(1) 상자-수염 그림을 만들 자료 입력하기(A1~A20, B1~B20)
(2) 삽입의 차트에서 상자수염 선택하기

(3) 이상치 확인하고 표본값을 수정 및 제거하기

(4) 수정된 자료로 상자-수염 그림 다시 그리기:

 자료값을 550에서 55로 수정하면 상자-수염 그림이 자동으로 수정됨

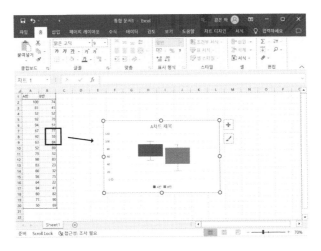

(5) 차트 디자인의 차트 요소 추가에서 범례를 아래쪽으로 추가

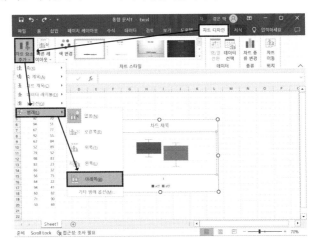

통계적 사고의 힘

(6) 차트 제목 넣어 상자-수염 그림 완성하기

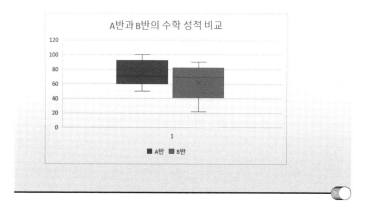

제2장

추측통계

이 장에서는 추측통계Inferential Statistics에 대해 설명한다. 기술통계는 주로 자료를 설명하기 위해 사용되는 반면 추측통계는 의사결정의 보조 수단으로 사용된다. 또한 이후에 논의하게 될 통계의 오용이나 남용과도 직접적으로 관련이 있다. 현대 통계에서 보이는 다양한 문제를 이해하기 위해서는 추측통계의 요소와 개념 이해가 필수적이다.

본 장에서는 무작위 표본추출Random Sampling과 통계량의 표집분포Sampling Distribution of a Statistic, 가설검정Hypothesis Testing, 신뢰구간Confidence Interval 및 p-값p-value 등의 개념과 방법이 포함된다. 추측통계에 대한 추가적인 심도 있는 내용과 문제들은 다음 장에서 논의된다.

1. 무작위 표본추출과 표집분포

우리가 사용하는 현대의 통계적 방법은 모집단에서 반복된 무작위 표본추출 아이디어를 기반으로 한다. 표본은 전체 모집단의 작은 부분 집합이며, 연구자는 개념적으로 동일한 크기의 많은 표본을 반복적으로 추출할 수 있다. 그러나 현실적으로 무작위 표본추출은 비용이 많이 들고 불가능할 수도 있으며, 단 한 번만 표본추출을 해야 하는 경우가 대부분이다.

독자와 나누기

표본추출과 종류

① 표본추출Sampling(표집)이란 모집단으로부터 부분으로서의 표본을 추출하는 과정이다.
② 확률 표본추출과 비확률 표본추출로 구분된다.

확률 표본추출 *Probability sampling*	비확률 표본추출 *Non-probability sampling*
▶ 모집단을 구성하는 개별 요소가 표본으로 선정되는 확률이 동일하도록 설계하여 표본을 추출하는 방법	▶ 모집단을 구성하는 개별 요소가 표본으로 선정되는 확률을 사전에 모르는 상태에서 주관적으로 표본을 추출하는 방법

통계적 사고의 힘

▸ 무작위 표본추출, 계통적 표본추출, 층화 표본추출, 집락 표본추출 등	▸ 유의 표본추출, 편의 표본추출, 눈덩이 표본추출 등

ⓐ 무작위 표본추출은 모집단을 구성하는 각 요인 또는 구성원에 대해 동등한 선택의 기회를 부여하는 추출법이다.

ⓑ 계통적 표본추출은 모집단 목록에서 구성 요소에 대해 일정한 순서에 따라 매 k번째 요소를 추출하는 방법이다. 예를 들면 100명의 학생 중 10명을 뽑는다고 할 때 1~10, 11~20, ⋯ 91~100으로 묶은 뒤 1~10에서 최초의 표본으로 3번째 학생을 무작위 선정한 이후 13, 23, ⋯, 93을 뽑는다.

ⓒ 층화 표본추출은 모집단을 동질적인 몇 개의 층Strata으로 나누고 각 층으로부터 단순 무작위 표본추출을 하는 추출법이다. 집단 내 동질적, 집단 간 이질적이다.

ⓓ 집락 표본추출은 모집단 목록에서 구성 요소에 대해 이질적인 구성요소를 포함하는 여러 개의 집락 또는 집단으로 구분한 후 집락을 표집 단위로 하여 무작위로 몇 개의 집락을 표본으로 추출한 다음, 표본으로 추출된 집락에 대해 그 구성요소를 전수조사하는 추출법이다. 집락 내 이질적, 집락 간 동질적이다.

가구Household를 예로 들어 설명하면, 연구자는 첫 번째 표본(S_1)으로 1,000가구를 추출하고, 두 번째 표본(S_2)으로 동일한 1,000가구를 추출하며, 이렇게 계속해서 동일한 크기로 표본을 M번 반복 추출할 수 있다. 이 과정을 다이어그램으로 설명하면 다음과 같다.

각각의 표본 S_1, S_2, ⋯, S_M에는 평균 및 표준편차와 같은 통계량이 계산된다. 특히 각 표본 S_1, S_2, ⋯, S_M의 평균 $\overline{X}_1$, $\overline{X}_2$, ⋯, $\overline{X}_M$에 대한 집합을 표본평균에 대한 표집분포Sampling Distribution of the

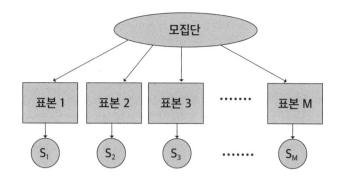

Sample Mean라고 한다. 필요하다면 각 표본 S_1, S_2, ⋯, S_M의 표준편차에 대한 표집분포Sampling Distribution of the Standard Deviation를 구할 수도 있다.

　모집단이 정규분포를 따르는 경우, 표본평균의 표집분포도 정규분포를 따른다. 이 표집분포는 통계 연구에서 널리 사용되는 추측통계에 반드시 필요하다.

　〈그림 7〉은 표본평균의 표집분포를 히스토그램에 나타낸 것이다. 모집단의 평균이 0, 표준편차가 1인 정규분포를 따르는 것으로 가정해보자. 〈그림 7〉의 (가)는 표본의 크기(n)가 10인 표본을 5000번 반복 추출하고 (S_1, S_2, ⋯, S_{5000}) 각 표본의 평균 $\bar{X}_1$, $\bar{X}_2$, ⋯, $\bar{X}_{5000}$ 을 구하여 히스토그램에 나타낸 것이며, (나)~(라)는 표본의 크기를 100, 500, 1000으로 늘려 반복 추출하고 각 표본의 평균을 구하여 표시한 히스토그램이다.

　표본평균 $\bar{X}$의 표집분포는 표본크기가 증가함에 따라 모평균 0 주위에 몰려 있다. 즉, 표본의 크기가 커질수록 표본평균 $\bar{X}$

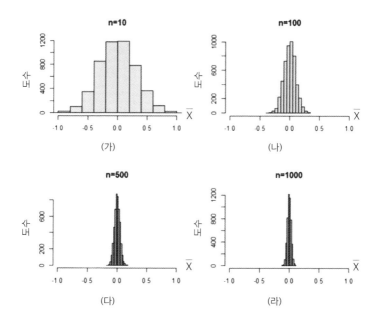

〈그림 7〉 μ=0인 표본평균(X̄)의 표집분포

은 모평균의 추정치로서 정확도가 높아진다고 할 수 있다. 이것은 현대 통계적 방법이 크게 의존하는 기본 특징인 중심극한정리*Central Limit Theorem*, CLT[12]이다.

실제로 표집분포는 표본평균 X̄를 $Z = \dfrac{\overline{X} - \mu}{s \, / \, \sqrt{n}}$로 변환하여 활용하는데, 이를 **표준화***Standardization*라고 한다. 즉, X̄를 Z로 변환할 때, X̄와 μ의 차를 표준오차*Standard Error*인 s/√n로 나누어 계산한다. 이 변환이 표준화라고 불리는 이유는 어떤 분포든 표준정규분포 N(0, 1)로 변환되기 때문이다.

모집단이 정규분포를 따르지 않는 경우, 〈그림 8〉은 표본

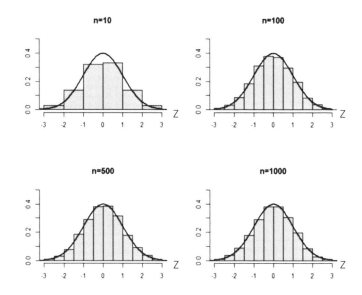

〈그림 8〉 X̄를 표준화한 Z에 대한 표집분포 (μ=0)

S_1, S_2, ⋯, S_M(M=5000이라 하면)으로부터 계산한 표본평균 $\overline{X}_1$, $\overline{X}_2$, ⋯, $\overline{X}_M$ 을 표준화한 Z_1, Z_2, ⋯, Z_M 값으로 표집분포를 그린 것이며, 표본크기를 10에서 100, 500, 1000으로 증가시킨 것이다. $\overline{X}_1$, $\overline{X}_2$, ⋯, $\overline{X}_M$의 분포는 〈그림 7〉과 같이 표본크기가 증가함에 따라 모평균에 몰려 있지만, Z_1, Z_2, ⋯, Z_M 의 분포는 그렇지 않으며 〈그림 8〉과 같이 표본크기가 어떠하든 표준정규분포 N(0, 1)를 따른다. 그런데 이러한 표집분포의 표준화가 표준정규분포 N(0, 1)를 따른다는 특징이 상당히 마음에 들 것이다. 왜냐하면 여러분은 이미 정규분포에 대하여 충분한 지식을 갖고 있기 때문이다. 즉, 표준정규분포의 평균과 표준편차뿐 아니라, 어떤 모

통계적 사고의 힘

평균 μ와 표본크기에 대한 백분위수 및 확률값도 알고 있다. 결과적으로, 우리는 모평균 μ의 값에 대해 여러 가지 추론 및 추측이 가능한데, 이것이 바로 추측통계의 내용이다.

독자와 나누기

중심극한정리(中心極限定理, Central Limit Theorem, CLT)

평균 μ, 분산 $σ^2$인 임의의 모집단에서 크기가 n인 표본 $(X_1, X_2, \cdots, X_n)$의 평균 X의 분포는 n→∞일 때(충분히 클 때), $N(μ, σ^2/n)$에 근사한다.

(예) 이항분포 B(10, 0.9)에서 표본의 크기를 1, 5, 30, 100으로 크게 한 결과, n=100일 때, 정규분포를 따르는 게 확인이 된다.

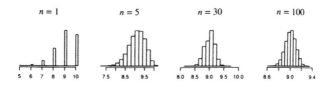

- 분산이 유한인 모집단에서 임의로 표본추출한 표본평균의 분포는 모집단 분포의 모양에 관계없이 표본크기가 커짐에 따라(즉, 시행횟수가 무한대일수록) 정규분포를 따른다는 의미이다.
- 모집단이 어떤 분포를 따르든 상관없이, 어떤 모집단으로부터 무작위로 추출된 표본의 크기 n이 커질수록 표본평균 X의 분포는 정규분포 $N(μ, σ^2/n)$에 가까워진다. 즉, 표본평균 X의 평균은 모집단의 모평균 μ와 같고, 표본평균의 표준편차는 모집단의 모표준편차를 표본크기의 제곱근으로 나눈 것 $σ/\sqrt{n}$과 같다.
- 통계적 유의성 검정을 위한 이론적 토대가 된다.
  - ▸▸ 표본의 평균값이 귀무가설 H_0로 정한 특정한 값에 비해 통계적으로 유의한 정도로 더 큰지 혹은 더 작은지를 검토한다고 할 때, 표본평균의 분포가 대략 정규분포 $N(μ, σ^2/n)$를 이룬다고 전제 한다.
  - ▸▸ 어떤 회사에서 판매한 건전지의 수명이 평균 500시간, 표준편차가

250시간인 어떤 확률분포를 따른다고 할 때, 이 건전지 100개의 표본에 대해 평균수명이 475시간에서 525시간 사이에 있을 확률을 %로 나타내면 다음과 같다.

풀이 이 문제에서 건전지의 수명이 어떤 확률분포를 따르는지 모르지만 표본 100개는 충분히 크다고 할 수 있으므로 건전지 수명의 확률분포는 정규분포에 근사한다고 할 수 있다. 즉, 건전지의 수명을 확률변수 X라 하면, 중심극한정리에 의해 표본평균 $\bar{X}$는 근사적으로 정규분포 $N(500, 250^2/100)=N(500, 25^2)$를 따른다.

$$P(475 \leq \bar{X} \leq 525)=P((475-500)/25 \leq Z \leq (525-500)/25)$$
$$=P(-1 \leq Z \leq 1)=P(-1 \leq Z \leq 0)+P(0 \leq Z \leq 1)$$
$$=2 \times P(0 \leq Z \leq 1)=2 \times 0.3413=0.6826$$

즉 68.26%이다.

통계적 사고의 힘

2. 검정통계량 이해하기

이전 장에서는 표본평균 $\bar{X}_i$(i=1, 2, ⋯, M)에 대한 Z_i(i=1, 2, ⋯, M) 통계량이 표준정규분포를 따른다는 것을 확인하였다. 만약 모집단에서 무작위 표본추출을 M회 반복할 경우, 모집단이 정규분포를 따른다면 Z_1, Z_2, ⋯, Z_M도 표준정규분포를 따른다. 특히 이 성질은 모평균 μ의 값과 표본크기를 전혀 모르더라도 항상 성립한다.

그러나 〈그림 7〉과 〈그림 8〉은 M회로 반복하여 표본을 추출하는 것이 가능한 가상 세계에서만 나타난다. 즉, 이런 상황은 통계 책에서만 존재할 수 있다. 우리는 표본 S를 한 번 추출하고, 그 표본의 평균 $\bar{X}$을 얻고, 표준화한 Z값을 계산한다. 〈그림 7〉과 〈그림 8〉에서 보았던 수천 개의 표본 대신, 단 한 개의 (S, $\bar{X}$, Z)로 분석해야 하는 것이다. 만약 표본을 여러 번 반복 추출했다면 (예를 들어 5,000번 정도), 모든 Z값은 적절한 분포 즉, 표준정규분포를 따른다는 것을 잘 알 수 있다. 이 결과를 바탕으로, 실제로 진행한 단 한 번의 (S, $\bar{X}$, Z)만으로도 모평균 μ의 값을 예측해야 한다. 이것이 추론 통계학에서 우리가 하는 일이다.

그렇다면 어떻게 모평균 μ의 값을 예측할까? 다음 Z-검정통계량의 정보를 활용해야 한다. 먼저 Z-검정통계량을 자세히 살펴보자.

$$Z = \frac{\bar{X} - \mu}{s / \sqrt{n}} = \frac{\sqrt{n}\,(\bar{X} - \mu)}{s}$$

- **신호**Signal: $\bar{X} - \mu$이며, 표본평균 $\bar{X}$가 모평균 μ와 얼마나 다른지 알 수 있다.
- **잡음**Noise: 표본표준편차 s이며, 표본의 변동성을 측정한다.
- **조정**Scaling: $\sqrt{n}$이며, 〈그림 7〉에서 확인해 본 것처럼 표본 크기가 증가함에 따라 분포는 모평균 μ의 값으로 몰리기 때문에 반드시 필요하다.

따라서 Z-검정통계량은 신호 대 잡음 비Signal-to-Noise Ratio로 해석된다. 즉, 잡음 s을 단위로 표본평균 $\bar{X}$가 모평균 μ와 얼마나 다른가를 나타낸다. 만약 Z-검정통계량을 계산한 값이 0에 가까우면, 잡음을 고려할 때 표본평균 $\bar{X}$가 모평균 μ에 대한 좋은 지표임을 의미한다. 반면에 0과 다르면, 표본평균 $\bar{X}$가 모평균 μ에 대한 좋지 않은 지표가 된다고 본다.

〈그림 8〉은 Z-검정통계량의 표집분포가 알려진 모평균 $\mu=0$으로 계산된 경우이다. 모평균 μ에 대한 우리의 추측이 맞다면, 대부분의 Z-검정통계량을 계산한 값은 0 주위에 집중되며, 0에서 멀리 떨어진 값은 매우 특이한 경우를 나타낸다고 할 수

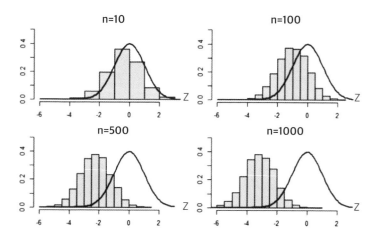

〈그림 9〉 Z-검정통계량의 표집분포 (μ=0.1)

있다. 이 경우 표준정규분포 N(0, 1)의 가장 일반적이고 중심적인 값으로 Z-검정통계량의 관측값을 가질 가능성이 있으며 표본평균 X̄가 모평균 μ=0과 일치한다고 말할 가능성이 높다.

　　이제 우리가 모평균을 0.1로 잘못 추측했다고 가정하자. 〈그림 9〉와 같이 표본크기가 증가함에 따라 표집분포는 평균이 0.1인 표준정규분포에서 더 멀어진다. 고정된 소음 s에 대해, 표본크기가 증가함에 따라 표본평균 X̄가 0.1과 다르다는 신호가 점점 더 강해지고 있다. 이 경우 대부분의 Z-검정통계량의 관측값은, 특히 표본크기가 500 또는 1000인 경우 표준정규분포 N(0, 1)와 확연히 다르다. 따라서 모평균이 0.1과 다르다고 결정할 가능성이 높다.

3. 효과크기 대 표본크기

앞 절에서 논의한 바와 같이, 검정통계량 $Z = \frac{\sqrt{n}\ (\bar{X}-\mu)}{s}$ 은 신호 대 잡음 비율Signal-to-Noise Ratio 척도에 표본크기의 제곱근이 곱해져 있으므로 세 가지 핵심 요소(신호, 잡음, 조정)를 담고 있다. 여기서 가장 중요한 요소는 **신호**Signal이며, 통계학에서는 **효과크기**Effect size라고도 부른다.

예를 들어, 한 제약회사에서 신약의 효과를 측정하고 있다. 연구자들은 실험 참가자(표본)로부터 효과를 보인 사람들의 효과성을 측정하면서, 효과가 없다 ($\mu=0$)를 기준으로 비교하게 된다. 신약의 효과성이 충분히 크거나 표본평균 $\bar{X}$가 모평균 $\mu=0$보다 확실하게 큰 경우, 연구자들은 신약의 임상적 효과에 대한 명확한 신호를 받는다. 따라서 모든 통계 분석에서 효과크기 $(\bar{X}-\mu)$를 평가하는 것은 필수적이며, 중요한 질문은 '실제로 신호 $(\bar{X}-\mu)$가 충분히 큰가요?'이다.

실업률을 줄이기 위해 고안된 경제 정책을 생각해보자. 경제학자들은 이 경제 정책이 실업률에 영향을 미치는 경제적 효과를 측정하는 데 관심이 있다. 그런데 경제학자들이 '효과크기가 경제적으로 충분히 크다'는 것을 확신하지 않는다고 해보자.

즉 경제 정책은 실업률을 어느 정도 감소시킬 수 있지만, 정책 비용을 정당화할 만큼 충분히 크게 감소시키지는 않는다고 판단할 수 있다. 이 경우 실업률을 줄이기 위해 고안된 이 경제 정책을 포기할 가능성이 높을 수 있다.

효과크기 또는 신호는 통계적 결정의 핵심 요소가 되어야 한다. 앞의 예에서도 확인한 바와 같이 정책을 시행하거나 신약을 승인하는 결정 등은 효과크기 또는 신호에 기초하여 이루어져야 한다.

위에서 살펴본 것처럼, 검정통계량 공식 $Z = \frac{\sqrt{n} \ (\bar{X} - \mu)}{s}$ 에 신호Signal가 포함되어 있다. 그러나 이 공식은 표본크기Sample Size와 잡음Noise에도 영향을 받는다. 특히 표본크기에 민감하다는 것을 명심해야 한다. 현대 추측통계 방법은 신호나 효과크기가 아니라 검정통계량을 사용하여 결정하도록 설계되어 있기 때문에 다양한 문제가 발생한다. 따라서 표본의 크기가 크거나 빅데이터인 경우, 자료로부터 확인된 효과크기나 신호가 작게 얻어졌을지라도 분석 결과는 '**중요하다**(또는 통계적으로 유의하다)'고 판단될 수 있다. 즉, 연구자가 표본크기를 충분히 크게 하면, 효과 크기나 신호가 매우 작거나 실질적으로 무시할 정도일지라도 통계적으로 중요하게 만들 수 있다는 것을 의미한다. 다시 말해 효과크기가 작아도 표본크기를 늘려 검정통계량을 계산한 값을 크게 생성할 수 있다. 이것은 특히 빅데이터 시대에 현대 통계의 중요한 문제 중 하나이다.

다음 장에서 보게 될 많은 문제들, 예를 들어

- 상관관계와 인과관계의 비교
- 실질적인 중요성과 통계적 중요성 사이의 충돌
- 통계의 잘못된 해석

등은 모두 표본크기를 늘려 큰 검정통계량을 생성하는 문제로 귀결된다. 따라서 뛰어난 통계 사상가*Statistical thinker*는 효과크기와 검정통계량을 구별할 수 있어야 하며, 검정통계량과 조합하여 효과크기에 기초하여 통계적 결정을 내릴 수 있어야 한다. 단순하게 들리지만, 많은 최고 수준의 전문 통계학자들도 이와 같은 방법으로 통계적 결정을 내리지 못한다.

4. 추측통계

기술통계는 다양한 요약 통계와 시각화 도구를 활용하여 연구자에게 표본의 주요 특성에 대한 정보 또는 인상을 제공한다. 그러나 기술통계에서 수집된 정보가 모집단의 특징을 잘 나타낸다 하여도 모집단의 특징에 대하여 직접적으로 진술한 것은 아니다. 추측통계를 사용하면 모집단의 모수에 대한 가설을 검정하거나 표본이 모집단의 특성에 적합한지 여부를 평가할 수 있다.

예를 들어, 나스닥-100에 투자하는 전체 투자자(모집단)의 월 평균 수익률이 2%보다 높다는 주장이 표본에 의해 뒷받침될까? 표본을 확인한 것만으로도 캘리포니아의 전체 가구(모집단)의 평균 소득이 75,000달러와 같거나 가깝다고 주장할 수 있을까? 이러한 질문들은 추측통계를 사용하여 보다 체계적이고 객관적인 방법으로 그리고 더욱 의심할 여지없이 답변할 수 있다.

추측통계에는 두 가지 대안적이지만 동등한 방법이 있다. 바로 가설검정과 신뢰구간 구하기이다.

◇ 가설검정

가설검정의 주요 요소는 다음과 같다.

- 귀무가설 *Null Hypothesis* (H_0)

- 대립가설 *Alternative Hypothesis* (H_1)

- 검정통계량 *Test Statistic* 및 귀무가설하의 분포

- 유의수준 *Level of Significance* 및 임계값 *Critical Value*

독자와 나누기

유의수준 α인 가설검정 과정

1. 가설 설정하기: 귀무가설 H_0와 대립가설 H_1을 설정한다.
2. 검정통계량과 분포 정하기: 확률 표본으로부터 적절한 검정통계량을 정의하고 검정통계량의 분포를 결정한다.
3. 기각역 구하기: 유의수준 α에 대한 검정통계량의 기각역을 구한다.
4. 검정통계량의 관측값 구하기: 표본으로부터 검정통계량의 관측값을 구한다.
5. 결론 내리기: 검정통계량의 관측값이 기각역에 있으면 귀무가설 H_0을 기각한다.

(예) 과거 조사에 의하면 A 지역의 초등학교 5학년 학생들의 신장은 평균 141.0cm이었다. 줄넘기 운동이 초등학교 5학년 학생들의 신장 발육에 도움이 되는지를 알아보고자 체육 활동에서 줄넘기 운동을 적극 권장하여 실시하여 왔다. 줄넘기 운동을 꾸준히 실시한 초등학교 5학년 학생들 중에서 임의로 81명을 추출하여 신장을 조사한 결과가 평균 142.2cm, 표준편차 6.0cm이었다. 줄넘기 운동이 초등학교 5학년 학생들의 신장 발육에 도움이 된다고 할 수 있는지를 유의수준 α =0.05로 검정할 때, 다음 단계를 따를 수 있다(단, A 지역 초등학교 5학년 학생들의 생활환경과 영양 섭취 등은 현재까지 모두 같고 학생들의 신장은 정규분포를 따른다고 가정한다).

〈1단계〉 가설 설정하기

H_0(귀무가설): μ=141.0
H_1(대립가설): μ>141.0

통계적 사고의 힘

〈2단계〉 검정통계량과 귀무가설하에서 분포 정하기

표본의 크기가 n=81로 30보다 충분히 크므로 검정통계량은 $Z=\dfrac{\overline{X}-\mu}{S/\sqrt{n}}$ 이고, Z는 표준정규분포 N(0, 1)에 근사한다.

〈3단계〉 기각역 구하기

유의수준 α=0.05에 대한 단측검정으로 임계값이 $z_{0.05}$=1.645이므로 기각역은 Z≥$z_{0.05}$=1.645이다.

〈4단계〉 검정통계량의 관측값 구하기

$$Z=\frac{\overline{X}-\mu}{S/\sqrt{n}}=\frac{142.2-141.0}{6/\sqrt{81}}=1.2\times(3/2)=1.8$$ 이다.

〈5단계〉 결론 내리기

검정통계량의 관측값 Z=1.8≥$z_{0.05}$=1.645로 기각역에 속하므로 유의수준 α=0.05에서 귀무가설 H_0을 기각한다. 즉, 줄넘기 운동은 A지역 초등학교 학생들의 신장 발육에 도움이 된다고 할 수 있다.

가설검정에서 두 가지 가설 즉, 귀무가설(H_0)과 대립가설(H_1)이 제안된다. 귀무가설은 표본 증거에 의해 사실이 아니라고 확신될 때까지 우리가 유지할 믿음을 나타내며, 대립가설은 귀무가설이 표본에 의해 뒷받침되지 않을 경우 받아들이게 되는 가설이다. 귀무가설과 대립가설은 모평균 및 모표준편차와 같은 모수에 대해 식으로 세워진다.

귀무가설과 대립가설

	귀무가설(H_0, 영가설)	대립가설(H_1, 연구 가설)
정의	㉠ 새로운 주장이 타당한 것으로 볼 수 없을 때 저절로 원상이나 현재 믿어지는 가설로 돌아가게 된다고 주장하는 가설 ㉡ 조사자가 지지하고 싶지 않은 가설 ㉢ 조사자가 거짓이라는 것을 보임	㉠ 귀무가설이 부정되었을 때 진리로 남는 잠정적 진술 ㉡ 새롭게 주장하고자 하는 가설 ㉢ 조사자가 지지하고 싶어 하는 가설 ㉣ 조사자가 참이라는 것을 보임
표현	· = · ~ 같다 · ~ 차이가 없다 · 모두 같다 · 유의하지 않다 · 독립이다 · 연관성이 없다	· ≠, >, < · ~ 같지 않다 · ~ 차이가 있다 · 모두 같은 것은 아니다 · 유의하다 · 독립이 아니다 · 연관성이 있다

검정통계량는 표본 증거에 대한 정보를 전달하며, 적절한 척도를 사용하여 검정할 모수 값에서 표본통계량에 이르는 거리를 계산한다. 검정통계량은 귀무가설하에 따른 표집분포에서 확인된다. 만약 검정통계량의 관측값이 귀무가설하의 모수 값과 상당히 차이가 있으면 귀무가설이 기각된다.

귀무가설하의 모수 값에서 검정통계량의 관측값이 귀무가

설를 기각할 정도로 너무 차이가 난다는 것은 어떤 의미일까? 검정통계량의 표집분포는 임계값을 얻는 데 사용된다. 임계값은 **유의수준**에 의해 결정되며, 이는 귀무가설이 참인데 이를 기각할 확률을 나타낸다. 이 확률(α로 표기함)은 일반적으로 5%(때로는 1% 또는 10%)로 설정된다.

유의수준 α에서 검정통계량의 관측값이 임계값을 벗어나면 귀무가설이 기각되고, 그렇지 않으면 귀무가설은 유지된다. 지금까지의 과정이 생소하고 어려울 수 있으므로 실제 사례를 살펴보기로 하자.

예제 1

캘리포니아의 가계 소득 분포의 경우를 생각해 보자. 모집단은 평균 μ와 표준편차 σ가 알려져 있지 않은 정규분포 $N(\mu, \sigma^2)$를 따른다고 가정한다. 경제학자들은 가계의 평균 소득이 약 80,000달러라고 믿고 표본에 의해 가설이 뒷받침되는지 여부를 검정하려고 한다. 1,000가구를 무작위 표본추출한 결과, 표본평균이 75,000달러이고 표본표준편차가 60,000달러임을 확인하였다. 이제 다음과 같이 귀무가설과 대립가설을 세우고 검정할 수 있다.

$H_0: \mu = 80,000$

$H_1: \mu \neq 80,000$

검정통계량은 다음과 같이 주어진다.

$$Z = \frac{\overline{X} - \mu}{s / \sqrt{n}} = \frac{\sqrt{n} \ (\overline{X} - \mu)}{s}$$

위의 Z-검정통계량은 신호($\overline{X}$-μ)를 잡음(s)으로 나누고 표본 크기($\sqrt{n}$)를 곱하여 계산하였는데, $s/\sqrt{n}$은 **표준오차**Standard Error라고도 부른다. 〈그림 7〉에서 $\overline{X}$의 표집분포가 모평균 값으로 밀집되어 있음을 확인했는데, 표준오차는 반복된 표본추출에서 Z-검정통계량이 표준정규분포 N(0, 1)을 따르도록 한다. 즉, Z-검정통계량의 표집분포는 표준정규분포이며, 〈그림 8〉에서 확인할 수 있다.

다음 단계는 표본으로부터 Z-검정통계량의 관측값을 계산하고 표준정규분포 N(0, 1)에서 임계값을 구해 임계값과 Z-검정통계량의 관측값이 비교되는 정도를 확인한다.

Z-검정통계량의 관측값을 계산하면 다음과 같다.

$$Z = \frac{75000 - 80000}{6000 / \sqrt{1000}} \fallingdotseq -2.64$$

유의수준 5%에 대한 임계값은 -1.96과 1.96이다. 따라서 Z-검정통계량의 관측값 -2.64가 -1.96보다 작기 때문에 유의수준 5% 하에서 귀무가설은 기각된다. 즉, 표본은 가계의 평균 소득이 약 80,000달러와 같다는 주장이나 가설을 뒷받침한다고 할 수 없다.

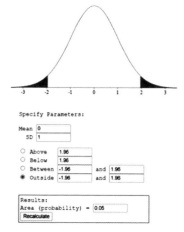

이 검정을 양측검정*Two-tailed Test*이라고 부르며, 기각역이 H_1의 구조를 반영하여 분포의 양쪽 꼬리에 놓여 있다.

예제 2

나스닥-100 포트폴리오의 투자자가 다음 가설을 검정하려고 한다고 가정하자.

$$H_0 : \mu = 2$$
$$H_1 : \mu > 2$$

'투자 수익률이 2%이다'라는 귀무가설에 대해 '2%보다 더 크다'는 대립가설을 검정해보자. 60개월 수익률에 대한 표본($n = 60$)으로부터 월 수익률의 평균값이 2.02%이고, 표준편차가 4.92%임을 기억해보자. 정규분포를 따르는 모집단의 무작위 표본을 가정하면, Z-검정통계량의 관측값은

$$Z = \frac{2.02 - 2.00}{4.92 / \sqrt{60}} \fallingdotseq -2.64 \ \text{이다.}$$

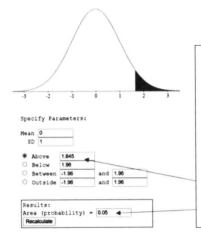

이 검정을 단측검정One-tailed Test이라 부르며, H_1를 확인하기 위해 분포의 한쪽 측면만을 고려한다. 그리고 H_1은 2보다 '큰 Greater'에만 관련되므로 분포의 위쪽만 고려하면 된다. 검정통계량의 관측값이 0보다 충분히 크면 H_0가 기각된다. 이 경우 유의수준 5%에서 임계값은 1.645이다.

Z-검정통계량의 관측값이 0.03으로 1.645보다 작기 때문에 표본은 2%와 같거나 작다는 귀무가설을 뒷받침하며, 2%보다 더 크다는 증거는 없다.

 독자와 나누기

표준정규분포 N(0, 1)에서 신뢰구간을 구할 때 자주 사용되는 Z값들

신뢰계수(1-α)	α	α/2	$z_{\alpha/2}$
0.90	0.10	0.05	1.645
0.95	0.05	0.025	1.96

통계적 사고의 힘

신뢰계수(1-α)	α	α/2	$z_{α/2}$
0.98	0.02	0.01	2.33
0.99	0.01	0.005	2.58

◇ 신뢰구간

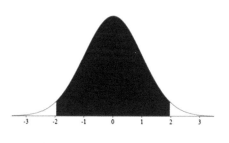

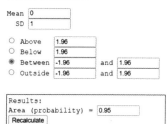

위의 표준정규분포로부터 Z-검정통계량이 -1.96과 1.96 사이일 확률이 0.95임을 알 수 있다. 즉,

$$-1.96 \ < \ Z = \frac{\overline{X} - \mu}{s / \sqrt{n}} \ < \ 1.96$$

일 확률은 0.95이다. 이 부등식을 다음과 같이 정리하면 모평균에 대한 부등식이 된다.

$$\overline{X} - 1.96\,\frac{s}{\sqrt{n}} \;<\; \mu \;<\; \overline{X} + 1.96\,\frac{s}{\sqrt{n}}$$

즉, 모평균 μ가 $\left[\,\overline{X} - 1.96\,\dfrac{s}{\sqrt{n}}\;,\;\overline{X} + 1.96\,\dfrac{s}{\sqrt{n}}\,\right]$ 에 포함될 확률이 0.95라는 것을 의미한다. 다시 말해, 반복적으로 모평균 μ에 대한 구간 추정을 시행하면 이들 중 95%에 해당하는 신뢰구간이 모집단의 참값을 포함한다고 정의된다.

가구 소득에 대한 예제에서 모평균에 대한 95% 신뢰구간은 다음과 같다.

$$\left[\,75{,}000 - 1.96 \times \frac{6{,}000}{\sqrt{1{,}000}},\; 75{,}000 + 1.96 \times \frac{6{,}000}{\sqrt{1{,}000}}\,\right]$$

$$\fallingdotseq [\,71{,}281.16{,}78{,}781.84\,]$$

즉, 캘리포니아의 전체 평균 가구 소득이 이 구간에 포함된다고 95% 확신한다는 의미이다. 투자 예제의 경우, 평균 수익률에 대한 95% 신뢰구간은

$$\left[\,2.02 - 1.96 \times \frac{4.92}{\sqrt{60}},\; 2.02 + 1.96 \times \frac{4.92}{\sqrt{60}}\,\right]$$

$$\fallingdotseq [\,0.76,\,3.28\,]$$

이며, 이 구간은 95% 신뢰도 하에 참평균 값을 포함한다.

구간 추정에 쓰이는 단어(신뢰구간, 신뢰계수, 신뢰한계)
; 단, 양측검정일 경우

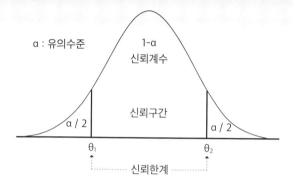

1) 신뢰구간Confidence Interval: 주어진 확률 1-α (신뢰계수)에 대하여 표본분포의 통계량이 모집단 모수에 포함되는 구간 ($\theta_1 \sim \theta_2$)
2) 신뢰계수Confidence Coefficient: n개의 표본을 추출하여 신뢰구간을 구하는 작업을 N번 반복하여 얻은 N개의 신뢰구간 중 100(1-α)%에 미지의 모수가 포함되어 있을 확률
3) 유의수준Significance Level: n개의 표본을 추출하여 신뢰구간을 구하는 작업을 N번 반복하여 얻은 N개의 신뢰구간 중 미지의 모수가 포함되어 있지 않을 확률(α)
4) 신뢰한계Confidence Limits: 신뢰구간의 하한값(θ_1)과 상한값(θ_2)

가설검정에 비해 신뢰구간의 장점은 모수가 어디에 위치할 것인가에 대한 인상을 신뢰수준으로 제공한다는 것이다. 신뢰구간이 넓으면 추정하려는 모수에 대하여 정확한 정보를 제공한다고 할 수 없지만, 반면에 신뢰구간이 좁으면 모수의 위치에 대하여 좀 더 정확한 정보를 제공하고 상당히 정확하게 추정되었

음을 보여준다. 신뢰구간이 더 좁아진다면 모수를 더욱 정확하게 추정할 가능성이 높아지며 반대로 신뢰구간이 더 넓어지면 모수를 정확하게 추정할 가능성이 낮아진다.

캘리포니아 평균 소득(예 1)의 경우, 95% 신뢰구간은 80,000달러를 포함하지 않는다. 즉, 표본만으로는 모평균 값이 80,000달러가 될 수 없음을 95% 확신한다. 이는 5% 유의수준에서 H_0: μ=80,000을 기각하는 것과 일치한다. 마찬가지로, 투자 사례(예 2)의 경우, 95% 신뢰구간은 2%의 값을 포함한다. 즉, 표본만으로도 모집단의 평균 수익률이 2%가 될 수 있음을 95% 확신하며, 이는 5% 유의수준에서 H_0: μ=2을 기각하지 못하는 것과 일치한다. 따라서 신뢰구간과 가설검정 사이에는 밀접한 관련이 있다고 할 수 있다.

신뢰구간의 의미

① 신뢰구간은 모수를 포함한다고 확신하는 구간이다. 이때, '확신한다'는 뜻은 '높은 확률을 가진다'는 의미이다.
② 신뢰수준 100(1-α)%인 신뢰구간은 동일한 모집단에서 동일한 추정방법으로 100회 반복하여 추정한 신뢰구간이 모수의 값을 100(1-α)회 정도 포함하고 있을거라 기대된다는 의미이다.

(예) α=0.08인 100(1-0.08)=92% 신뢰구간
    : X ~ N(10, 3²)인 정규분포에서 20개(n)의 표본을 추출하여 신뢰구간을 구하는 작업을 100번 반복 수행했을 때 얻은 100개의 신뢰구

간 중에서 92개는 모평균 μ가 포함되어 있고 8개는 포함되어 있지 않는다.

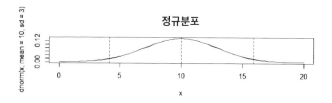

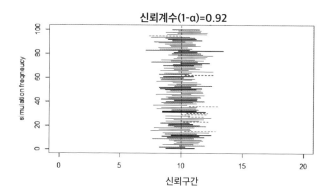

③ 표본평균 X̄=100에 대해 신뢰구간이 (95, 105)라면, '모평균이 95에서 105 사이에 있을 확률이 95%이다'라는 의미로 해석하면 안 된다.

- 모평균이 100이라면, 당연히 95와 105 사이의 값이므로 확률 P(95< μ<105)=1, 즉 100%이다.
- 모평균이 110이라면, 95와 105 사이의 값이 아니므로 확률 P(95<μ <105)=0, 즉 0%이다.

④ 모든 다른 조건이 동일하다면 신뢰구간이 짧을수록 모수에 대한 추정의 정밀도가 높아지므로, 신뢰구간은 짧을수록 바람직하다고 본다.

p-값은 유의수준 α가 주어졌을 때 귀무가설이 기각되는지 여부에 대한 통계적 증거의 또 다른 지표이다. 보통 **유의확률**이라고 부른다. p-값을 이용한 결정은 위에서 살펴본 임계값에 따른 결정과 동일하지만, 단순성과 보편성 때문에 널리 사용되고 있다. 가설검정이 가능한 모든 통계 패키지(예를 들어, Excel, SPSS 등)에서 p-값을 계산할 수 있으며, 유의수준 α와 그 값을 비교하여 간단하게 결정을 내릴 수 있다. p-값을 이용할 때, 가장 중요한 규칙은

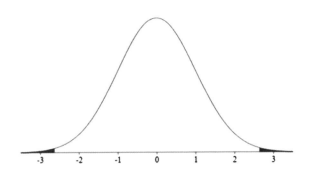

　　　　　　　　　　　　　　　　　　통계적 사고의 힘

"p-값 < α(유의수준)에서 귀무가설을 기각한다"는 것이다.

유의수준 α는 0.05, 0.10 또는 0.01에서 선택하는 것이 일반적인데, 이 책의 후반부에서 이에 대해 좀 더 깊게 논의할 것이다. p-값의 매력은 연구자가 검정을 위한 임계값을 찾을 필요가 없다는 것이다. 대신 p-값과 유의수준 α를 비교하여 귀무가설을 기각할지 여부를 거의 즉시 결정할 수 있다.

p-값은 귀무가설이 맞다는 가정 하에서 얻은 값보다 극단적이거나 더 극단적인 검정통계량이 실제로 관측될 확률로 정의되며, 표본이 귀무가설과 얼마나 다른지에 대한 측도로 해석될 수 있다.

예제 1에서 가설이

H_0: $\mu = 80{,}000$

H_1: $\mu \neq 80{,}000$

인 캘리포니아의 가구 소득에 대한 검정통계량의 관측값은 −2.64였다. 위 그림에서 알 수 있듯이 귀무가설에서 관측된 값보다 극단적이거나 더 극단적인 검정통계량이 관측될 확률은 0.0083[13]이다. 0.0083의 확률로는 표본이 귀무가설과 유사하다고 볼 가능성이 매우 낮다. 0.0083이 0.05보다 작기 때문에, 5% 유의수준에서 귀무가설을 기각하며, 이는 임계값을 이용한 가설검정에서 확인한 내용과 일치한다.

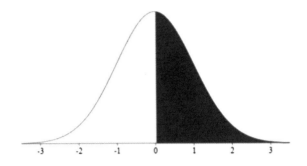

Specify Parameters:

Mean 0
SD 1

● Above 0.03
○ Below 1.96
○ Between -1.96 and 1.96
○ Outside -2.64 and 2.64

Results:
Area (probability) = 0.488
Recalculate

두 번째 사례에서, 나스닥-100 포트폴리오를 보유한 투자자는 다음과 같은 가설을 검정하고자 했다.

H_0: $\mu = 2$

H_1: $\mu > 2$

그리고 검정통계량의 관측값 Z=0.03에 대한 p-값은 0.488[14]이다. 0.488이 0.05보다 크기 때문에 5% 유의수준에서 귀무가설을 기각할 수 없으며, 이는 임계값을 사용한 가설검정에서 확인한 결과와 일치한다.

여기서, p-값에 기초한 규칙을 다시 정리하면 다음과 같다. p-값< α이면 유의수준 α에서 H_0을 기각한다. 이 규칙을 **p-값 판정법**_p-value Criterion_이라고 하며, 이를 기반으로 한 결정은 임계값을 기반으로 한 방법과 그 결과가 동일하다. 엑셀_Excel_과 같은 모든 통계 패키지 또는 통계 프로그램은 통계적 가설검정에서 p-값을 자동으로 제공한다. 따라서 p-값을 이용하면, 연구자는 p-값과 선택된 유의수준을 비교하여 가설을 검정하며, 임계값과 분포에 대해 걱정할 필요가 없다. 그러나 이렇게 간단하게 p-값을 활용하여 가설을 검정하기 때문에 많은 통계 연구물이나 논문 등에서 널리 보고되지만, 때로는 잘못 사용되거나 남용되기도 한다. 예를 들어, p-값이 작으면 표본이 귀무가설과 상반된다고 알려 줄 수 있지만, 반드시 효과크기_Effect Size_나 신호_Signal_가 실제로 크다는 것을 의미하는 것은 아니다. 작은 p-값이 강한 효과크기를 나타내는 것으로 잘못 해석되는 경우가 많다. 가설을 검정할 때 p-값을 사용하는 연구자는 p-값이 작아도 효과크기 또는 신호가 실질적으로 무시할 정도로 작을 수 있음을 기억해야 한다.

5. 정리하면서

이 장에서는 추측통계의 현대 통계 방법의 기본 요소를 제시했다. 무작위 **표본추출**Random Sampling 및 **표집분포**Sampling Distribution 의 개념은 **가설검정**Hypothesis Testing, **p-값**p-value 및 **신뢰구간**Confidence Interval과 같이 널리 사용되는(또는 남용되는) 통계 방법을 지원하는 기본 개념이다. 기업과 정부에서 처리하는 많은 의사결정들은 이러한 방법들에 기초하여 이루어지며, 다량의 학술 논문들도 이러한 추측통계의 결과들에 기초하여 출판된다. 또한 엑셀Excel과 같은 도구를 사용하여 자료에 대한 추측통계량을 계산할 수 있다.

그러나 이 장에서 간단히 언급한 바와 같이, 추측통계 방법들은 결함이 있고 다양한 문제를 야기할 수 있다. **검정통계량**Test Statistic과 p-값 공식에 표본으로부터 얻어진 **효과크기**Effect Size나 **신호**Signal가 포함되지만, 표본크기를 크게 할 경우 효과크기나 신호가 자주 가려지는 경향이 있다. 다시 말해, 표본으로부터 얻어진 효과크기나 신호를 무시하고 검정통계량과 p-값만을 기반으로 통계적 결정을 내리는 것이 위험하다는 것이다. 현실적으로 효과크기나 신호를 무시할 수 있겠지만, 이 값들이 통계적으로 중요하다는 것을 발견할 수 있으며 특히 표본크기가 클 경우에는 더 중요하다. 또 다른 문제는 관습적으로 사용되고 있는 유의수준 (α=0.05, 0.01 또는 0.10)을 실험자가 임의로 정하는 것과 관련된다. 이 유의수준과 관련된 추가 문제들은 다음 장에서 논의해본다.

제3장

통계적 사고

앞의 1장과 2장에서는 통계의 기본 개념 그리고 기술통계와 추측통계의 방법을 검토하였다. 3장에서는 의사결정자가 고려해야 할 사항과 불확실성 아래에서 건전한 통계적 사고를 위한 가설검정의 다양한 요소를 어떻게 제어하는지에 대하여 평가해본다. 특히 실용적인 응용과 전문적인 연구에 사용되는 현대적인 가설검정 방법과 관련된 문제로 다음에 대해 논의한다.

- 연구자들은 제1유형의 오류 및 제2유형의 오류와 관련된 통계적 불확실성을 완전히 고려하지 않는다.
- 연구자들은 **효과크기**_Effect Size_나 표본으로부터의 **신호**_Signal_를 자주 무시한다.
- 연구자들은 과학적이거나 실용적인 정당성 없이 **의사결정 기준값**_Decision Threshold_을 임의로 설정한다.

통계학에 대한 교육에서 이유는 알 수 없지만 위 문제들을 심각하게 받아들이지 않고 있다. 또한 이 문제들을 통계 교재나 현대 통계 강의에서 자세히 다루지 않고 있다. 본 책의 후반부에 집중해서 논의하겠지만, 위의 문제를 자세히 다루지 않은 결과,

재현성위기*Replication Crisis*[15], 데이터 염탐편향*Data-snooping Bias*[16], 출판편향*Publication bias*[17]과 같은 현대 통계 연구에서 가지는 많은 문제가 야기되고 있다.

1. 불확실성 이해하기

건전한 통계적 사고의 한 가지 핵심은 가설검정에 관련된 불확실성의 정도를 이해하는 것이다. 다른 의사결정과 마찬가지로 통계적 결과는 불확실하며, 의사결정 과정에 오류가 발생할 수 있다. 이처럼 연구자는 불확실성 속에서 결정을 내려야 하지만, 불확실성의 정도와 오류의 결과를 충분히 평가하지 않고 결정을 내리는 경우가 상당히 많다. 특히 이러한 오류는 확률적으로 피할 수 없다. 따라서 통계적 결정을 내리기 위해 이러한 오류와 그에 따른 결과를 반드시 고려해야 한다. 건전한 통계적 사고를 위해 연구자들은 불확실성의 정도, 오류의 가능성 및 그에 따른 결과를 이해해야 한다.

◇ 제1종 오류와 제2종 오류

가설검정에는 두 가지 유형의 오류가 있다. **제1종 오류**는 귀무가설 H_0이 참인데 이를 기각하고 대립가설 H_1를 채택하는 오류이고, **제2종 오류**는 H_1이 참인데 이를 기각하고 H_0를 채택하는 오류이다[18]. 아래 표에 진실-의사결정을 정리하였다.

	진실	
의사결정	H_0 참	H_1 참
H_0 채택	옳은 결정	제2종 오류
H_1 채택	제1종 오류	옳은 결정

전형적인 예로, 피고[19]가 유죄로 입증될 때까지 무죄로 추정되는 법정에서의 평결을 들 수 있다. 이때, H_0과 H_1은 다음과 같다.

H_0: 피고는 무죄
H_1: 피고는 유죄

여기서 제1종 오류는 피고가 무죄(H_0이 참)인데 '유죄'라고 판결(H_0를 기각)이 난 것이고, 제2종 오류는 피고가 유죄(H_0가 거짓)인데 '무죄'라고 판결(H_0를 유지)이 난 것이다.

임신 검사라는 또 다른 실제 사례를 들어볼 수 있다. 의사는 임신임을 확인하는 검사 전까지 환자가 임신하지 않았다고 가정한다. 즉,

H_0: 환자는 임신이 아니다
H_1: 환자는 임신이다

여기서의 제1종 오류는 환자가 임신하지 않았는데(H_0가 참) 임신으로 판단하는 것(H_0를 기각)이고, 제2종 오류는 환자가 임신

통계적 사고의 힘

인데(H_0가 거짓) 임신하지 않았다고 판단하는 것(H_0를 유지)이다.

우리는 이러한 오류를 방지하기 위해 최선을 다하지만 오류를 피할 수 없다는 것을 알고 있다. 법원은 여러 명의 변호사와 배심원을 고용하고 신중한 토론과 심의를 위해 오랜 시간을 할애하지만, 판단의 오류가 발생하곤 한다. 임신 검사는 현재 매우 정확해졌지만 여전히 거짓 양성[20](제1종 오류)과 거짓 음성[21](제2종 오류)의 가능성이 있다.

이 두 가지 예에서는 제1종 오류나 제2종 오류를 범할 가능성이 낮을 수도 있다. 분명한 것은 어떤 통계적 결정에서도 오류는 발생할 수 있으며, 아마도 법원이나 임신 검사가 잘못된 판단을 하는 것보다 훨씬 더 높은 확률로 발생할지 모른다. 그러나 주요 문제는 통계 연구자들이 이러한 오류의 결과는 말할 것도 없고, 이러한 오류의 확률을 심각하게 고려하는 경우가 드물다는 것이다.

◇ 제1종 오류와 제2종 오류의 결과

우리 모두는 오류로 인해 뒤따라오는 결과가 있고, 이때 발생하는 비용도 크다는 것을 안다. 그러므로 오류의 가능성을 반영하여 판단을 한다면 그러한 손실을 고려하여 결정해야 한다.

앞의 법원 판결 예시로 돌아가자. 만약 피고가 유죄 판결을 받는다면 사형이고, 그렇지 않는다면 석방된다고 가정해보자. 제1종 오류는 무고한 사람이 사형수가 된다는 것을 의미하고, 제2종 오류는 정의가 지켜지지 않는다는 것을 의미한다. 두 가지 오류 모두 결과가 뒤따라오지만, 제1종 오류는 개인적인 비극이자 사회에 큰 손실일 뿐만 아니라 심각한 정의의 실패이기도 하다.

임신 검사의 경우도 살펴보자. 제1종 오류는 심각한 결과를 초래하지 않을 수 있는 거짓 양성 임신을 의미한다. 그러나 제2종 오류로 인해 임신임을 감지하지 못하면 산모와 태아 모두의 건강과 복지를 해칠 수 있기 때문에 심각한 합병증과 누락을 초래할 수 있다.

제1종 오류와 제2종 오류 모두 심각한 결과를 초래할 수 있다는 점에 유의해야 한다. 보통은 제1종 오류가 제2종 오류보다 심각한 오류라고 명시하지만, 항상 제1종 오류가 제2종 오류보다 더 위험한 것은 아니며, 그 반대인 것도 아니다.

◇ 의사결정 기준값

합리적인 의사결정자라면 "제1종 오류와 제2종 오류로 인한 손실을 어떻게 최소화할 수 있을까?"에 대해 고민하게 된다. 이 고민을 해결할 수 있는 한 가지 방법은 H_0을 기각하기 위하여 **의사결정 기준값**Threshold[22] of decision을 제어하는 것이다. 기준값을 어떻게 정하느냐에 따라 제1종 오류를 범할 가능성이 높거나, 제2종 오류를 범할 가능성이 높아진다. 예를 들어 H_0에서 $\mu=30$이고 H_1에서 $\bar{X}=150$이며 적절한 의사결정 기준값이 100이라 할 때, 이 기준값을 70으로 잡으면 제1종 오류를 범할 가능성이 높으며, 기준값을 120으로 잡으면 제2종 오류를 범할 가능성이 높게 된다.

의사결정 기준값(A값)

H_0에 의한 분포(왼쪽)과 H_1에 의한 분포(오른쪽) 사이에 물방울무늬 영역과 체크무늬 영역을 해석하면 다음과 같다.

▸ 물방울무늬 영역: H_0이 참인데 H_0을 기각할 확률(제1종 오류를 범할 확률)
▸ 체크무늬 영역: H_1이 참인데 H_1을 기각할 확률(제2종 오류를 범할 확률)

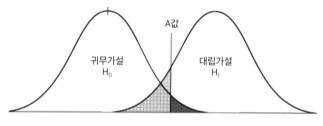

제2종 오류   제1종 오류

이때, A값이 왼쪽에 있을수록 물방울무늬 부분이 커지고(제1종 오류를 범할 확률이 커짐), 오른쪽에 있을수록 체크무늬 부분이 커진다(제2종 오류를 범할 확률이 커짐). 바로 이 A값이 의사결정의 기준값*Threshold*이다. 제1종 오류와 제2종 오류를 범할 확률을 적절하게 통제하기 위해 의사결정의 기준값을 현명하게 지정해야 한다.

유죄 평결이 사형인 법원의 경우를 생각해보자. 법원은 제1종 오류를 막기 위해 유죄 평결을 내릴 입증 책임*Burden of Proof*으로 "합리적인 의심이 들지 않을 정도*Beyond Reasonable Doubt*[23]"를 요구한다. 그러나 이렇게 하면 유죄가 될 수 있는 피고인이 무죄판결을 받을 가능성(제2종 오류)도 높아진다. 법원이 "합리적인 의심이 들지 않을 정도_Beyond Reasonable Doubt_"라는 기준을 넘기 위해 제시된 증거에 대해 납득하지 못하면 유죄를 선택하지 않을 것이다. 법원은 더 많은 제2종 오류의 위험을 감수하더라도 제1종 오류를 범하기를 원하지 않기 때문에, 입증 책임이 더 클 수밖에 없다.

> ╭─────────╮
> │ 독자와 나누기 │──────────────────────────
> ╰─────────╯
>
> **입증책임**
>
> 입증책임(立證責任, burden of proof)은 거증책임과 같은 뜻으로 쓰인다. 법원이 일정한 법률관계의 존부를 판단함에 있어 필요한 사실의 존부를 확정할 수 없는 경우에는, 어느 한쪽의 당사자에게 불리하게 가정하여 판단할 수 있는데, 이러한 가정에 의하여 당사자의 한쪽이 입게 되는 위험 또는 불이익을 말한다.
> 입증책임을 "증명의 수위"로 보면, 민사나 형사재판에서 뭘 얼마 만큼 증명해내야 재판을 이기느냐라는 것이다. 일반적으로 민사사건에서는 "증거의 우위성_Preponderance of Evidence_" 그리고 형사사건에서는 "합리적 의심이 들지 않을 정도_Beyond Reasonable Doubt_"가 그 기준이다.

다음 표는 다양한 유형의 재판에 대한 다양한 입증 책임 또는 의사결정 기준값을 보여준다.

입증 책임	설명	재판
증거의 우위성[24]	50% 가능성보다 더 큼	시민, 가족, 양육비, 실업급여
명확하고 설득력 있는 증거	매우 실질적으로 가능성이 있음	민사, 형사, 친자확인, 청소년 범죄, 유언비어, 생명 유지 장치 제거 결정
합리적인 의심이 들지 않을 정도	달리 믿을 만한 그럴 듯한 이유가 없음	범죄자: 징역형과 사형

　　법원은 제1종 오류가 덜 일어나는 재판에 대해 좀 더 관대한 입증 책임을 지고 있다. 즉, 제1종 오류의 결과가 심각한 재판에는 "합리적인 의심이 들지 않을 정도"가 적용되는 반면, 제1종 오류가 그렇게 중요하지 않은 재판에는 "증거의 우위성"이 요구된다. 법원은 이러한 입증 책임을 조정함으로써 결과를 고려하여 제1종 오류와 제2종 오류의 가능성을 균형 있게 맞춘다.

　　여기서 주의해야 할 두 가지 중요한 사항이 있다.

1. 제1종 오류의 가능성과 제2종 오류의 가능성 사이에는 상충관계Trade-off[25]가 있다.
2. 의사결정 기준값은 제1종 오류와 제2종 오류의 결과 그리고 그 가능성을 반영하도록 조정되어야 한다.

　　이때, 상충관계란 제1종 오류를 범할 가능성이 증가하면 제2종 오류를 범할 가능성이 감소하고 그 반대의 경우도 마찬가지라는 것이다. 그리고 두 기회는 동시에 0이 되거나 작게 만들 수 없다. 따라서 제1종 오류와 제2종 오류를 범할 가능성을 고려한다면, 둘 사이에 균형을 이루는 것이 중요하다. 법체계는 합리적이며, 두 오류 사이에 균형이 잘 이루어지고 있다.

많은 통계 교재와 이전 장에서 설명한 가설검정이 법체계에서 구현된다고 가정해보자. 즉, 의사결정을 내리기 위해 기준값으로 0.05가 보편적으로 적용된다고 해보자. 또한 기준값으로 0.01이나 0.10을 선택할 수도 있다. 그리고 이 의사결정 기준값을 과학적 또는 법적 정당성 없이 임의로 선택한다. 이때, 0.05를 기준으로 하면, 법적 시스템은 20건 중 1건에 제1종 오류를 허용하게 된다. 만약 무고한 피고인에게 너무도 자주 사형이 선고된다면 법제도의 실패로 봐야 한다. 소액재판[26]*Small Claims Court*의 문제에 0.05가 적용된다면, 그것도 너무 많은 제2종 오류를 허용하게 된다. 그리고 의사결정 기준값을 명분 없이 임의로 0.01이나 0.10과 같은 또 다른 고정 수준으로 바꿀 수 있다면 우리의 법체계는 신뢰성과 무결성을 잃게 될 것이다.

추측통계에 기초한 통계적 결정도 마찬가지다. 연구원은 가능한 오류의 불확실성에 늘 직면한다. 만약 그들이 이러한 오류의 가능성을 통제하고 그 결과를 이해할 수 있다면, 최선의 결정을 내릴 수 있을 것이다. 이 목표를 달성하는 한 가지 방법은 법체계가 그러하듯이 의사결정 기준값을 조정하는 것이다.

통계적 연구에 널리 사용되는 기존의 가설검정에 따르면, 통계적 결정은 정당한 이유 없이 유의수준 0.05, 간혹 0.01이나

0.10과 p-값을 사용하고 있다. 이후에 이러한 결정이 얼마나 어리석은지 그리고 이를 어떻게 더 잘 활용할 수 있는지 확인해 볼 것이다.

2. 연구설계

통계학에서 참인 H_0을 기각하는 제1종 오류를 범할 확률을 α로 표시한다(거짓 양성). 제2종 오류를 범할 확률은 β로 표시되며, 이는 거짓인 H_0을 수용할 확률을 나타낸다(거짓 음성). (통계적) 검정력은 $1-\beta$로 정의되며, 이는 거짓인 H_0을 기각할 (올바르게 결정할) 확률이다.

의사결정자가 올바른 결정을 내릴 수 있는 합리적인 기회를 유지하면서 가능한 한 오류를 줄일 수 있는 기회를 원하는

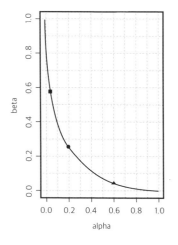 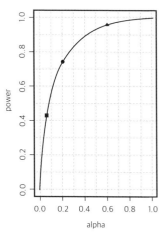

것은 당연하다. 위에서 논의한 바와 같이, α와 β 사이에는 상충관계가 있다. α의 값이 클수록(작을수록) β의 값이 작아지며(커지며), 검정력의 값 1-β는 커지게(작아지게) 된다.

α와 β의 상충관계 및 α에 따른 검정력 함수가 옆의 그림에 나와 있다. 네모점은 (α, β)=(0.05, 0.57)이고 검정력이 0.43이며, 동그라미점은 (α, β)=(0.20, 0.26)와 검정력 0.74, 세모점은 (α, β)=(0.60, 0.05)와 검정력 0.95이다.

합리적인 의사결정자는 당연히 제1종 오류와 제2종 오류를 범할 확률 (α+β)을 최소화하고 동시에 검정력(1-β)의 수준을 높게 유지하기를 원할 것이다. 또한 잘못된 결정으로 인한 손실이나 결과를 고려하려 할 것이다. 만약 제1종 오류로 인해 무고한 사람이 사망한다면, 의사결정자는 매우 낮은 수준으로 α의 값을 통제해야 할 것이다. 제2종 오류로 인해 막대한 재정적 영향을 미치는 재난이 발생할 경우, 의사결정자는 β의 값을 통제해야 한다. 이때, β의 값을 최소한으로 통제하면서 최소 수준으로 유지해야 한다. 이 과정을 **연구** 또는 **실험 설계**_Research or Experimental Design_라고 한다. 건전한 통계 연구는 표본을 수집하기 전에 세심하면서 신중하게 연구설계가 수행되어야 한다.

그러나 오랫동안 통상적으로 사용되어 온 가설검정에서는 α 값으로 항상 0.05 또는 0.01이나 0.10을 선택한다. 그 결과 연구자는 상대적으로 높은 β 값과 낮은 통계적 검정력 값을 허용한다. 그렇다면 가설검정에서 이렇게 정한 것에 대해 어떤 만족할 만한 이유가 있는 걸까? 대답은 "절대로 없다_Absolutely no_"이다.

이러한 가설검정은 그럴 만한 이유나 과학적 정당성에 근거하지 않는다. 단지 대학에서 이에 따라 통계학을 가르칠 뿐이며, 최고의 전문가 수준에서도 이런 방법으로 통계 연구를 수행할 뿐이다. 이렇게 가설검정을 시행하는 것은 개별 사건의 특성을 무시한 채 모든 법률 사건에 대해 매일 그리고 항상 동일한 입증 책임을 적용하는 법원처럼 어리석은 일이다.

3. α, β, 검정력

추측통계에서 의사결정자에게 가장 중요한 선택은 유의수준*Level of Significance*이다. 가설검정에서는 결정을 어떻게 내릴 것인가에 따라 임계값 또는 **기각역***Critical Region*이 정해진다. 유의수준을 선택하는 것은 판사가 자세한 내용을 듣기 위해 법정에 들어가기 전에 입증 책임을 선택하는 것처럼 연구자가 자료를 수집하기 전에 이루어져야 한다.

임계값이나 기각역을 어떻게 선택하는지 그 방법을 이해하려면, α값이 주어졌을 때 β 또는 검정력의 값 1-β에 영향을 미치는 변수를 알아야 한다. 즉 다음 두 가지이다.

- 표본크기
- 연구 가설(H_1) 하의 그럴듯한 값

이 두 가지 변수는 추측통계에서 신중하게 선택되어야 하는 핵심 모수*Key Parameter*이다. 그러나 2장에서 설명한 추측통계에 따르면, H_1 하에 얻어진 값을 알 필요가 없으며 표본크기는 충분히 크게 하면 된다. 특히 표본크기가 클수록 p-값이 감소하고 H_0을 기각할 가능성이 점점 더 높아진다.

　　나스닥-100에 대한 투자자의 경우를 생각해 보자. 2장에서 세웠던 귀무가설과 대립가설은 다음과 같다.

　　H_0: $\mu = 2$

　　H_1: $\mu > 2$

　　이 가설에는 H_1 하의 값이 명시되어 있지 않고 있다. 그러나 통계적 사고를 가진 건전한 통계 연구를 위해서는 H_1 하의 값을 명시해야 한다. 왜냐하면, 이 값은 투자자가 행동을 취할 수 있는 값 또는 그들의 행동에 영향을 미칠 값이기 때문이다. 이 값을 알기 위해서 투자자들은 열심히 공부해야 하는데, 이 값이 미래의 성과와 투자 결정을 정할 값이 될 수 있다. 자세히 조사한 결과, H_1 하의 값이 3%라고 가정하자. 그런 다음, 3%를 이용해서 귀무가설과 대립가설을 다음과 같이 다시 설정할 수 있다.

　　H_0: $\mu = 2$

　　H_1: $\mu = 3$

　　그러면 H_0 하의 표본평균의 분포는 $N(0, 1)$이고 H_1 하의 분포는 $N(ncp, 1)$이다. 여기서 ncp는 $\dfrac{\sqrt{n}\,(\mu_1 - \mu_0)}{s}$ 이다. 이때, μ_0은 H_0 아래의 값이고 μ_1은 H_1 아래의 값이며, ncp는 비중심성 모수Non-centrality Parameter[27]를 의미한다.

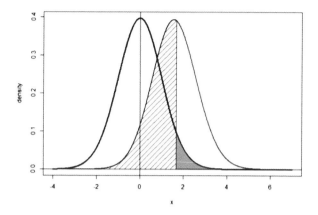

〈그림 10〉 H₀와 H₁ 하에서 분포 (H₀: μ=2; H₁: μ=3; n=60)

H₀ 하의 분포(왼쪽의 곡선)는 평균이 0이고 표준편차가 1인 표준정규분포 N(0, 1)이고, H₁ 하의 분포(오른쪽의 곡선)는 n=60, s=4.92에 대해 평균이 ncp= $\dfrac{\sqrt{n}\,(\mu_1-\mu_0)}{s} = \dfrac{\sqrt{60}\,(3-2)}{4.92} ≒1.57$이고 표준편차가 1인 정규분포 N(1.57, 1)이다. 〈그림 10〉을 참고할 수 있다.

이제 H₁ 하의 검정통계량의 관측값이 4%로 설정되었다고

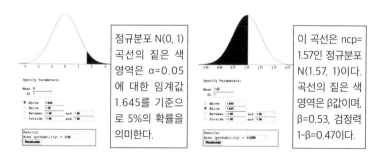

정규분포 N(0, 1) 곡선의 짙은 색 영역은 α=0.05에 대한 임계값 1.645를 기준으로 5%의 확률을 의미한다.

이 곡선은 ncp= 1.57인 정규분포 N(1.57, 1)이다. 곡선의 짙은 색 영역은 β값이며, β=0.53, 검정력 1-β=0.47이다.

가정해보자. 즉,

$$H_0: \mu = 2$$

$$H_1: \mu = 4$$

그러면 H_1 하의 분포는 오른쪽 곡선($ncp = \dfrac{\sqrt{n}\,(\mu_1 - \mu_0)}{s} = \dfrac{\sqrt{60}\,(4-2)}{4.92} = \dfrac{2\sqrt{60}}{4.92} \fallingdotseq 3.15$)이다. 왼쪽 곡선 아래의 어두운 회색 영역은 5%의 유의수준을 나타낸다. 제2종 오류를 범할 확률은 오른쪽 곡선 아래 줄무늬 영역으로 표시되는 0.07 정도이며 검정력은 93%[28]이다.

〈그림 12〉는 가설 $H_0: \mu=2$; $H_1: \mu=3$에 대해 표본크기를 60에서 180으로 증가한 경우이다. 오른쪽 분포는 평균이 $ncp =$

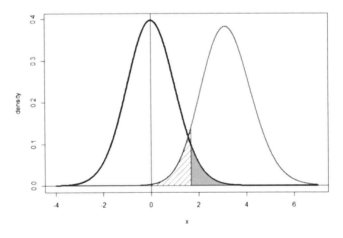

〈그림 11〉 H_0와 H_1 하에서 분포 ($H_0: \mu=2$; $H_1: \mu=4$; n=60)

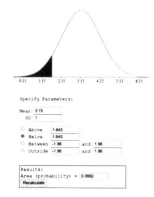

ncp=3.15일 경우, 곡선의 짙은 색 영역은 약 0.07인 제2종 오류를 범할 확률이다.

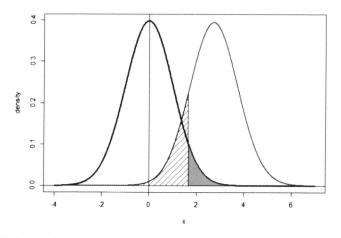

〈그림 12〉 H₀와 H₁ 하에서 분포 (H₀: μ=2; H₁: μ=3; n=180)

$$\frac{\sqrt{n}\,(\mu_1-\mu_0)}{s} = \frac{\sqrt{180}\,(3-2)}{4.92} ≒2.73$$인 정규분포이다. 표본크기를 120 정도 늘린 결과, 제2종 오류를 범할 확률이 β=0.14(오른쪽 곡선 아래의 줄무늬 영역), 검정력이 0.86이 되었다. 표본크기가 60일 때 β=0.53, 검정력 0.47과 비교하면, 제2종 오류를 범할 확률은 훨씬 작고 검정력이 엄청나게 높아진 것을 확인할 수 있다.

따라서 제1종 오류를 범할 확률값이 주어졌을 때, 검정력과 제2종 오류를 범할 확률을 제어하는 두 가지 중요한 요소는

- H_1 하에서 얻어지는 값
- 표본크기

이다. 즉, 건전한 연구설계는 주어진 α의 값에 대해 '표본크기'와 "H_1 하에서 얻어지는 값"을 신중하게 선택하는 게 중요하다. 따라서 표본크기는 제1종 오류와 제2종 오류 간의 비율에 대한 균형을 보면서 선택해야 한다. H_1 하에서 얻어지는 값은 연구에 실질적으로 중요한 값이어야 한다. 투자 사례의 경우, H_1 하에서 선택된 3% 값은 투자 결정을 촉발하는 값이었다. 그러한 연구설계가 약물 시험에 적용되는 경우라면 H_1 하에서 얻어진 값은 연구자들이 공공 사용을 위해 약물의 승인을 권장하는 약물의 유효 비율이어야 한다.

4. 빅데이터를 활용한 연구에 대한 시사점

 우리는 자료가 풍부하고 저렴한 빅데이터 시대에 살고 있다. 빠른 인터넷과 효율적인 자료 저장 시스템으로 수백만 개는 아니더라도 수만 개의 자료 값을 얻는 것은 이제 어렵지 않다. 연구자들이 그러한 빅데이터 집합에 쉽게 접근할 수 있다면, 그들이 연구와 의사결정에 가능한 많은 자료 값 사용을 원하는 것은 당연하다. 그렇다면 통계적 추론에는 어떤 의미가 있을까?

 다음 예시에 대해 생각해보자.

 $H_0: \mu = 2$

 $H_1: \mu > 2$

 모평균 μ의 참값으로 2.10을 얻었다고 가정해보자. 이 값은 귀무가설 H_0 하에 모평균 μ의 값 2와 거의 다르지 않다. 연구자가 50,000개 이상의 자료 값을 가지고 있다고 가정해보자.

 위에서 설명한 바와 같이 H_0(왼쪽 곡선) 아래의 분포는 표준정규분포이고, H_1(오른쪽 곡선)의 분포는 $ncp = \dfrac{\sqrt{5000}\,(2.10 - 2)}{4.92}$ $\fallingdotseq 4.54$인 정규분포이다. 유의수준 5%에서 β의 값은 0.0019이고

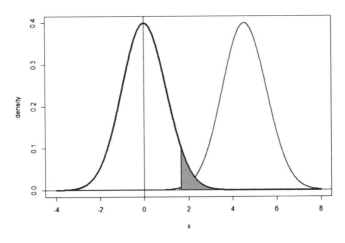

〈그림 13〉 H₀와 H₁ 하에서 분포 (H₀: μ=2; H₁: μ=2.10; n=50,000)

검정력은 0.9981이다.

μ의 참값이 2.10이면 검정통계량은 항상 μ = 2.10인 H₁ 하의 분포에서 생성된다. 이는 유의수준 5%에서 귀무가설이 거의 항상 기각되며 검정력도 거의 1과 같다는 것을 의미한다. 여기서 문제는 2.10의 μ 값이 2와 다르지 않을 수 있다는 것이다. 2.1%의 투자수익률은 2%보다 크지만 사실상 동일할 가능성이 높다. 그러나 연구자는 평균 수익률이 통계적으로 2%보다 크다는 것을 보여줄 수 있다.

위의 예에서 알 수 있듯이, 표본의 크기가 충분히 크면 H₀ 하에서 정한 값과 H₁ 하에서 구한 검정통계량의 관측값 사이의 편차가 무시할 정도로 작아도 통계적으로 유의한 것으로 나타날 수 있다. 비중심성모수 ncp는 표본크기에 대한 증가함수이며, 표본크기가 증가함에 따라 H_1 하의 분포는 H_0 하의 분포로부터 멀어진다. 즉, 빅데이터 집합에서 거의 모든 변수가 통계적으로 유의하게 결과가 도출되는 이유인 것이다. 신중한 연구자는 자료의 효과 크기나 신호를 측정하여 의사결정을 한다. 그러나 많은 연구자들은 수치상으로 확인된 통계적 유의성에 의존하여 잘못된 결정을 내린다.

제1종 오류를 범할 확률과 제2종 오류를 범할 확률을 비교하면 제1종 오류율 0.05가 제2종 오류율 0.0019보다 26배 이상 높다. 이 명확한 불균형은 제1종 오류가 빅데이터 상황에서 발생할 가능성이 있다. 즉 H_0이 (실질적으로)참이지만 기각될 가능성이 있다는 의미이다.

한 가지 적용가능하고 합리적인 해결책은 유의수준을 0.1%(또는 0.001)와 같이 훨씬 낮은 수준으로 줄이는 것이며, 그 결과로 제1종 오류를 범할 확률과 제2종 오류를 범할 확률 사이에 균형을 맞출 수 있다. 표본크기가 클 경우, 유의수준을 낮춰 H_0을 기각하기 위한 기준값을 크게 하는 것이 좋다. 그러나 이는 유의수준 5%(때로는 1% 또는 10%)를 사용하는 관습에서 분명히 벗어난 것이기에 강한 저항에 부딪힐 수 있다.

5. 유의수준 선택하기

앞 절에서 제1종 오류를 범할 확률이 주어지면 제2종 오류를 범할 확률과 검정력을 평가하는 방법을 검토하고 연습하였다. 연습의 목적은 의사결정과 관련된 불확실성의 정도를 이해하는 것이다. 그 결과, 연구자는 오류를 범할 확률과 올바른 결정을 내릴 확률을 알게 된다.

중요한 문제는 우리가 어떻게 유의수준을 설정할 수 있는가 하는 것이다. 유의수준은 β와 검정력 $1-\beta$ 그리고 표본크기 및 '잘못된 의사결정에 따른 결과'를 고려하여 선택되어야 한다.

유죄 평결이 사형인 법정 재판의 예로 돌아가 보자. 법원은 제1종 오류를 범해 무고한 사람이 사형수가 되는 것을 원치 않기 때문에 "합리적인 의심이 들지 않을 정도"를 입증 책임으로 채택하고 있다. 이 경우처럼, "합리적인 의심이 들지 않을 정도" 만큼 의사결정 기준값을 높게 잡게 된다면, 유의수준을 0.001과 같은 작은 값으로 잡아야 한다. 더불어 유의수준을 0.001로 아주 작게 잡으면 검정력이 낮고 제2종 오류를 범할 확률이 불합리하게 높게 된다는 것을 안다. 그러나 무고한 인간의 생명을 지키는 것이 더욱 중요하기 때문에 정당화될 수 있다.

또 다른 예를 들어 보자.

H_0: 기후는 변하지 않는다.
H_1: 기후는 변하고 있다.

즉, 어떤 확실한 증명이 확인될 때까지 우리는 기후가 변하지 않는다는 믿음을 유지한다. 제1종 오류는 기후가 실제로는 변하지 않는데 변하고 있다고 판단하는 것이고, 제2종 오류는 기후가 변하고 있는데 변하지 않는다고 판단하는 것이다. 우리 모두는 제1종 오류보다 제2종 오류가 훨씬 더 많이 심각한 결과를 가져올 수 있음을 안다. 제2종 오류는 기후 변화에 대한 어떠한 조치도 장려하지 않지만, 제1종 오류는 기후가 변화하지 않더라도 지구에서의 삶을 향상시킬 수 있는 조치를 취할 수 있다.

이 경우에는 α의 값을 크게 잡아 작은 β 값과 큰 검정력을 얻는 것이 현명하다. 즉, 제2종 오류를 범할 가능성을 작게 제어하여 그 발생 가능성을 낮추기를 원한다. 예를 들어, α의 값을 0.95로 정한다면 β의 값을 0.1 정도로 작게 설정할 수 있다. 입증 책임이 적은 귀무가설을 기각하겠다는 뜻이다. 기후변화의 어떤 희미한 징후도 심각하게 받아들이고, 그에 맞추어 환경을 구하기 위한 다양한 조치가 시행되어야 한다. 그리고 이러한 조치들은 기후가 실제로 변하든 변하지 않든 현재와 미래 세대에 이익이 될 것이다.

이 두 가지 예에서 강조하는 바는 명확하다. 즉, "유의수준을 선택할 때 제1종 오류와 제2종 오류의 불확실성 아래에서의 비용편익분석Cost-benefit Analysis[29]"을 해야 한다는 것이다. 이는 불확실성을 이해하는 명확한 통계적 사고를 가진 합리적인 의사결정자가 행하는 모습이며, 고등학교와 대학의 모든 분야(통계만 제외)에서 학생들을 가르치는 방법이기도 하다. 불행하게도 현재까지 통계학에서만 유의수준을 전통적인 방식으로 설정하도록 가르친다.

이전 장에서 논의했듯이, 빅데이터 시대에 전통적인 유의수준을 고수하는 것도 우스꽝스럽다. 따라서 크고 거대한 표본크기가 평범하게 사용되는 지금, 통계적 증거를 위한 개정된 표준이 필요하다. 최근에는 유의수준으로 5%나 1%가 아닌 0.5%나 0.1%와 같이 훨씬 낮은 유의수준을 요구하는 연구자들이 늘고 있다.

6. 현대 통계학의 간단한 역사

지금까지 합리적인 의사결정자가 제1종 오류와 제2종 오류의 가능성을 어떻게 고려해야 하는지, 그리고 이러한 오류의 결과를 고려하여 의사결정 기준값으로서 유의수준을 어떻게 설정해야 하는지에 대해 논의하였다. 이러한 지식은 현대 통계학의 선구자들이 남긴 가르침이었다. 이들의 가르침을 바르게 이해하기 위해 현대에 중심이 되는 통계의 역사를 간략하게 검토하는 것은 도움이 될 것이다.

◇ 고셋

윌리엄 실리 고셋(William Sealy Gosset, 1876~1937)은 영국의 통계학자이자 양조기술자로, 현대 통계학의 선구자이다. 옥스퍼드 대학교에서 수학과 화학을 우등생으로 졸업한 후, 1899년 기네스 맥주회사의 더블린 양조장에 취직했다. 그의 일은 제조 과정을 감시해 최종 제품의 품질을 관리하는 것이었다. 기네스의 양조장 책임자로서, 제품의 품질이 실험적 처치에 의한 것인지 아니면 우연에 의한 것인지를 판단하는 수학적 방법을 개발해야 했다. 예를 들어, 어떤 종류의 보리가 몇 가지 요소로 적절하게 조절될 때 최상 품질의 맥주가 제조되는지 결정하는 것이었다. 특히 보리의 종류는 한정되어 있었기에, 작은 크기의 표본에서 합리적이고 의미 있는 결정을 내리는 것에 대해 고민했다[30].

고셋은 자신이 발견한 T-분포 이론을 세상에 발표하고 싶었지만 회사에서는 맥주 맛의 비밀을 공개하는 것은 너무 위험한 일이라며 직원의 논문 발행을 금지하고 있었다. 이에, 고셋은 'Student'라는 필명으로 논문을 발표했으며, 이 논문에서 통계적 추론의 많은 근본적인 개념이 밝혀지게 되었다[31]. 주목해야 할 중요한 부분은 현대 통계 방법의 출발점인 작은 표본크기로 문제를 해결하는 방법을 개발했다는 점이다.

◇ 피셔

로널드 피셔 경(Sir Ronald Aylmer Fisher, 1890~1962)은 귀무가설을 도입하고 p-값을 사용하여 가설검정 방법을 추가로 확립했다. 1925년에 출판된 저서 『연구자들을 위한 통계학 방법론 *Statistical Methods for Research Workers*』에서 귀무가설에 대한 증거의 척도로 p-값을 제안하고 귀무가설을 기각하는 의사결정의 기준값으로 0.05(1/20 확률)를 제시했다. 단, 연구자가 당면한 문제에 대해 거의 알지 못할 때만 이 결정 규칙 활용을 권장했다. 피셔는 p-값이 가설의 타당성을 평가하기 위한 객관적 보조 도구이며, 궁극적으로 도출해야 할 차이점이나 연관성의 결론은 가능한 모든 사실을 손에 쥐고 있는 과학자에게 남아 있다고 믿었다. 그러나 현대 통계에서 유의수준 0.05는 귀무가설을 기각하거나 기각

통계적 사고의 힘

하지 않는 거의 보편적인 기준값이 되었다. 더 나아가 1956년에 피셔는 다음과 같이 말했다.

> 어떤 과학자도 언제든, 그리고 모든 상황에서 가설을 기각하는 고정된 유의수준을 가지고 있지 않다. 오히려 자신의 증거와 아이디어에 비추어 각각의 특정 사례에 대해 진정으로 노력할 뿐이다.

피셔가 표본 분석을 위한 기본 기준값으로 0.05를 권했지만, 이 값이 어느 때나 적용 가능한 기준값으로 사용되어야 한다는 의도는 전혀 없었던 것 같다. 우리의 심각한 문제 중 하나는 소표본 분석에 권장되는 이 기준값 0.05가 빅데이터 시대에 여전히 기계적으로 무분별하게 사용되고 있다는 점이다[32].

◇ 네이만과 피어슨[33]

다음 세대의 개척자인 **예르지 네이만**(Jerzy Neyman, 1894~1981)과 **이건 피어슨**(Egon Sharpe Pearson, 1895~1980)은 가설검정에 대한 결정론적 접근법을 1933년 논문에 소개하였다. 그들은 귀무가설에 대립가설을 추가하고, 유의수준 α, 통계적 검정력, 제2종 오류를 범할 확률(β) 등의 개념을 도입했다. 표본크기와 유의수준은 그들의 방법에서 중요한 요소이므로 연구자가 자료를 관찰하기 전에 선택해야 한다. 또한 이러한 선택은 연구자가 귀무가설을 기각하거나 대립가설을 채택하는 임계값 또는 기각역을 결정한다. 네이만과 피어슨은 "가설을 채택한다는 것은 그 채택된 가설이 참인 것처럼 행하겠다는 것이지 그 채택된 가설을 믿겠다는 의미가 아님"을 강조했다[34]. 네이만과 피어슨의 가르침에 따르면, 표본크기와 유의수준은 잘못된 결정에 따른 손실이나 결과를 분명하게 고려하여 선택되어야 한다.

이 장에서 살펴본 바와 같이, 네이만과 피어슨의 패러다임에서 제1종 오류를 범할 확률, 제2종 오류를 범할 확률, 통계적 검정력 등은 중요한 개념이며, 모집단의 값을 구체화하는 실질적인 대립가설을 가지고 있기 때문에 통계에서 큰 의미가 있다. 이러한 개념들은 피셔의 방법 그리고 현대 통계학에서 채택하고 있는 방법과 분명히 다르다.

또한 이러한 선구자들은 추측통계를 최종 결정을 내리기 위한 보조물로 활용할 것을 권장했다. 다시 말해 추측통계로부터 얻은 결과물이 전체 의사결정 과정을 주도해서는 안 된다는 것이다. 그들은 모든 정보를 신중하게 고려하여 통계적 추론의 결과를 평가해야 하며, 통계적 결정을 내리는 데 있어 "겸손하고 사려 깊어야 한다"고 권고한다.

피셔와 피어슨의 검정법 비교

피셔는 귀무가설만 인정했을 뿐 대립가설을 세우는 것에 반대했고 따라서 검정의 오류를 제1종 오류와 제2종 오류로 나누는 것도 받아들이지 않았다. 피셔는 피어슨의 검정법이 품질관리 같은 좁은 영역에서는 활용이 가능하지만 과학적인 연구방법으로 널리 쓰일 수 없다고 주장했다.

피셔는 오늘날 검정의 잣대로 활용되는 p-값을 고안하였는데, p-값을 가설들의 채택, 기각을 가르는 기준으로 삼기보다는 가설을 반증할 수 있는 통계적 근거의 척도로 생각했다. 즉 통계적 검정법을 두 가설 중 하나를 선택하는 최종적인 결정의 방법으로 본 것이 아니라 자료로부터 타당하지 못한 귀무가설을 하나씩 버려 추론해가는 일련의 과정 가운데 한 단계 정도로 생각했다. 관습적으로 유의수준 0.05를 기준으로 귀무가설을 기각하거나 채택하는 것에 대해서도 통계학이라는 것이 그렇게 단순한 논리로 이루어진 것이 아니라면서 반대하였다. 무엇보다 통계적 검정법은 연구자가 그 문제에 대해 제대로 아는 바가 없을 때에만 사용해야 할, 따라서 그리 신빙성을 두기 어려운 연구방법이라고 주장하였다. 연구 주제에 대한 깊은 이해가 우선되어야지, 문제를 제대로 파악하지도 못한 상태에서 이루어지는 통계학적 검정 때문에 그 연구가 과학적인 연구가 되는 것은 전혀 아니라는 것이다.

비교할 점	피셔	피어슨
가설 설정	귀무가설만 설정, 따라서 제1종 오류와 제2종 오류를 정의할 수 없음	귀무가설과 대립가설을 함께 설정
검정 절차	자료로부터 p-값 계산 → p-값이 충분히 작으면 '통계적으로 유의한 결과'가 나왔다고 판단함	미리 정한 유의수준 조건을 만족시키면서 검정력(power)을 가장 크게 만드는 검정통계량과 기각역을 선택한 다음 자료를 수집

비교할 점	피셔	피어슨
검정 절차		→ 자료로부터 검정통계량의 관측값 계산 → 검정통계량의 관측값이 기각역 안에 포함되면 귀무가설 H_0을 기각
검정결과 해석	p-값의 크기로 '근거의 강도strength of evidence'를 판단. 즉, 검정결과가 유의하면 H_0가 틀렸거나 나오기 어려운 결과가 나왔다고 판단하고 추론을 계속 진행	동일한 검정을 반복할 때 잘못된 결과가 나올 오류의 확률을 가지고 최적의 검정법을 찾아 두 가설 가운데 하나를 선택

◇ 무효의식

현대의 통계 연구자들이 채택한 통계적 방법은 위와 같은 선구자들의 가르침과는 다소 다르다. 독일의 심리학자 기거렌처(Gigerenzer, 2004)는 논문 「분별없는 통계Mindless Statistics」에서 현대의 통계적 방법을 '무효의식Null Ritual'이라고 불렀다. 그의 설명에 따르면, 무효의식은 다음과 같은 방식으로 행해진다.

1. 통계적 귀무가설로 "평균에 차이가 없다" 또는 "상관이 없다"를 설정한다. 그러나 자신의 연구 가설이나 다른 대

립할 수 있는 예측 가능한 가설을 지정하지 않는다.

2. 귀무가설을 기각하기 위한 관례로 유의수준 5%를 사용한다. 유의수준 5% 하에서 귀무가설과 검정통계량의 관측값 사이에 차이가 유의하게 나면 귀무가설을 기각한다. 보통은 p<0.05, p<0.01 또는 p<0.001라고 결론을 내리는데, 0.05, 0.01, 0.001 중에서 p-값과 가장 가까운 값으로 선택한다.

3. 항상 이 절차에 따른다.

무효의식을 갖고 있는 연구자는 p-값을 구하고 p-값이 0.05 또는 0.01보다 작은지에만 관심을 갖는다. 만약 p-값이 0.05 미만이면 연구 결과에 만족하고, 거기서 멈출 수 있다. 이들은 "통계적으로 유의한"이라는 명목 아래 자신들의 연구 결과를 정당화하기만 하면 된다. 연구 결과의 실질적인 효과크기, 타당성 및 시사점은 부차적인 문제이고, 효과의 부호가 양수인지 음수인지를 확인하는 데에만 관심이 있으며, 그 결과를 보고하는 값에는 몇 개의 별표가 붙어 있다. 경제학에서 결과 값에 별을 붙이는 관행을 '부호 계량Sign Econometrics' 및 '별표 계량Asterisk Econometrics'이라고 부른다(Ziliak and McCloskey, 2004).

만약 p-값이 0.05보다 크면 무언가가 잘못되었다고 판단하고, 0.05보다 작은 값이 얻어질 때까지 자료 수집이나 다른 모델 또는 방법 사용 등을 계속 시도한다. 다음 장에서 다루겠지만, 이 과정을 p-해킹p-hacking 또는 데이터 스누핑Data Snooping이라고 한다.

따라서 학술지와 통계 보고서의 독자들은 연구 결과물에 대한 왜곡된 그림(출판편향이라고 함)만 보게 된다.

◇ 도구의 법칙: "만약 당신이 가지고 있는 것이 망치뿐이라면, 모든 것이 못처럼 보인다."

현재 해결해야 할 난해한 문제의 핵심은 '무효의식'이 통계학 교재에서부터 최고의 학술지 논문에 이르기까지 (거의) 모든 곳에서 사용되고 있다는 것이다. 그리고 세계는 이 무효의식을 통계적 의사결정에 대한 단일 망치 접근법으로 받아들이고 있다. 즉 무효의식은 더 이상 의사결정에 도움이 되지 않으면서도, 한 방이면 해결되는 마법 같은 방안이 되고 있다. 이러한 모습은 매슬로우의 해머*Maslow's Hammer*[35]라고도 알려져 있는데, 익숙한 도구에 지나치게 의존하는 것을 포함하는 인지적 편견이라 할 수 있다.

피셔, 네이만, 피어슨이 무효의식을 반드시 따라야 한다고 여긴 것은 아니었다. 오히려 무효의식은 연구자의 생각과 판단을 제거하기 위해 제안한 방법의 혼합물이었다. 그럼에도 불구하고, 대부분의 통계 교재와 강의는 이 의식을 따르는 통계적 추론을 단일 망치 접근법으로 가르친다. 그들은 다른 대안을 거의 가르치지 않으며, 학생들과 연구원들에게 이 접근법의 단점을 알려주지도 않는다. 대부분의 학술 논문 또한 단일 망치 접근법을 채택한 무효의식에 따른 통계 결과를 보고한다. 결과적으로 세계는 무분별한 통계에서 얻은 "헛소리들로 넘쳐나고 있으며",

이것이 미국 통계 협회가 그들의 성명서(5장에서 논의)를 가지고 행동한 주된 이유였다.

아무도 그 무효의식이 정확히 어디에서 왔고 그것이 어떻게 네이만-피어슨 시대 이후 통계적 연구의 주류가 되었는지 전혀 모른다. 그럼에도 불구하고, 무효의식은 묵묵히 우리의 교재와 강의 노트에 잠입했고, 거의 모든 통계 연구자들의 집단적인 습관이 되었다. 앞으로 몇 년간 미래의 통계학자들은 이 습관을 타파하기 위해 진정으로 도전해야 할 것이다.

7. 정리하면서

통계적 사고와 의사결정은 불확실성의 정도에 대한 신중한 평가가 요구된다. 이 장에서는 제1종 오류와 제2종 오류를 범할 확률을 평가하는 방법을 제시했다. 통계적 의사결정에서 이 두 오류는 반드시 발생하며 심각한 손실을 초래하는 원인이 될 수도 있다. 건전한 의사결정은 이러한 확률을 평가하고 오류로 인해 발생할 수 있는 손실을 막아 균형을 유지해야 한다. 의사결정 기준값 또는 유의수준과 같은 가설검정의 핵심 요소는 오류를 범할 확률과 심각한 손실을 명시적으로 고려하여 결정되어야 한다[36]. 효과크기*Effect Size* 또는 표본의 신호*Signal*도 주의 깊게 조사되어야 한다. 최근 Kim(2021)은 리머(Leamer, 1978)와 네이만-피어슨 결정 이론의 정신에 따라 잘못된 결정으로 인한 예상 손실을 최소화하기 위해 유의성 수준을 선택하는 의사결정 이론적 접근법을 제안했다. 관심 있는 독자들은 Kim(2021)의 의견을 참고하면 도움이 될 것이다.

고셋, 피셔, 네이만, 피어슨과 같은 통계적 사고와 방법의 선구자들은 통계적 추론의 건전한 방법을 제안했다. 하지만, 현대의 통계학자들은 그들의 제안을 혼합하여 사용해야 한다고

배웠을 뿐 아니라(이를 무효의식이라고 부름) 무효의식을 무분별하
게 사용하라고 배웠다. 그리고 다음 세대들에게도 이 무효의식
을 무조건 따르도록 훈련시켰다. 이제는 신뢰성을 회복하기 위
해 현재의 통계적 방법이 반드시 변해야 한다. 특히 빅데이터 시
대에 전통적인 통계 방법으로 방대한 표본크기를 다룸으로써
보일 수 있는 심각한 한계와 결함 때문에라도 그 변화는 더욱
중요하다.

제4장

통계는 실생활에서 어떻게 적용되는가?

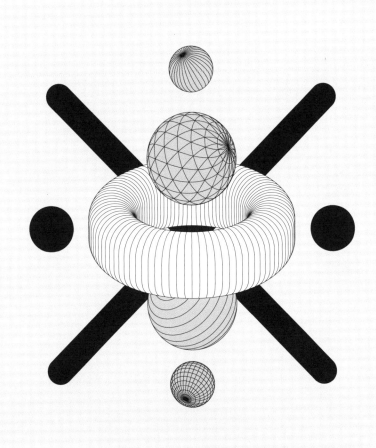

이번 장에서는 사회과학과 자연과학에서 다양한 사례를 이용하여 1장과 2장에서 논의한 통계적 방법이 실제 문제에 어떻게 적용되는지 알아본다. 단, 두 가지 유형의 연구자를 고려하려한다. 한 부류는 3장에서 설명한 무효의식을 따르는 무효의식주의자이고, 다른 한 부류는 네이만-피어슨 패러다임을 따르는 의사결정자이다.

1. 투자 결정

1장에서 논의한 바와 같이 나스닥-100에 투자하는 데 관심이 있는 투자자를 생각해 보자. 이들은 2021년 12월까지 지난 5년간의 월평균이 2.02%(중앙값=2.68%), 표준편차가 4.92%라는 사실을 확인했다. 그런데 동일한 기간의 월평균 수익률이 3.02%(중앙값=5.00%)이고 표준편차가 8.34%인 애플 주식(APPL)에 투자하려는 대안을 고민 중이다.

APPL 주식은 평균(또는 중앙값) 수익률이 높지만 변동성이 크다. 나스닥-100의 표준편차는 4.92%인데 비해 APPL의 표준

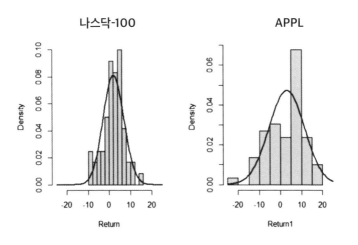

통계적 사고의 힘

편차는 8.34%이다. 이는 히스토그램에서 알 수 있듯이 APPL 수익률이 나스닥-100보다 평균을 중심으로 훨씬 더 다양하다는 것을 의미한다. 투자자는 APPL의 자료에 근거하여 더 높은 평균 수익을 얻을 수 있지만, 때로는 -20%보다 낮은 수익률도 가능하기에 더 위험한 투자가 될 수 있다.

	$\overline{X}$	s	$S=\overline{X}/s$
APPL	3.02	8.34	3.02/8.34≒0.36
나스닥-100	2.02	4.92	2.02/4.92≒0.41

투자자는 표준편차에 대한 평균의 비율을 사용하여 기술적 접근법을 취할 수 있는데, 위 표의 $S = \overline{X}/s$는 샤프 비율Sharpe Ratio이다. 샤프 비율은 투자자가 부담하는 위험(변동성, 표준편차) 대비 수익률을 계산하며, 샤프 비율이 높을수록 투자의 매력도가 높다고 본다. 위 표에서 알 수 있듯이, 나스닥-100의 S값은 0.41%로 위험 단위당 평균 수익률이 0.41%이고, APPL은 위험 단위당 평균 수익률이 0.36%이다. 두 평균 수익률 간에 차이가 크지 않기 때문에 투자자가 각 투자의 위험과 전망을 어떻게 인식하느냐에 따라 선택이 달라질 수 있다.

추측통계에서 먼저 무효의식의 방식에 따라 두 가지 투자에 대한 모평균이 동일한지 여부를 검정해보자. 귀무가설과 대립가설은 다음과 같다. 이때, μ_1은 APPL의 모평균이고, μ_2는 나스닥-100의 모평균이다.

$$H_0 : \mu_1 - \mu_2 = 0$$

$$H_1 : \mu_1 - \mu_2 \neq 0$$

검정통계량은 다음과 같은데,

$$X = \frac{(\overline{X}_1 - \overline{X}_2) - 0}{\sqrt{\dfrac{s_1^2}{n_1} + \dfrac{s_2^2}{n_2}}}$$

여기서 APPL과 나스닥-100 각각의 표본평균은 $\overline{X}_1$과 $\overline{X}_2$, 표본분산은 s_1^2과 s_2^2, 표본크기는 n_1과 n_2이다. 이 검정통계량은 2장에서 제시한 검정통계량 $Z = \dfrac{\sqrt{n}\,(\overline{X} - \mu)}{s}$ 의 확장 버전이며, 다시 신호 대 잡음비_Signal-to-noise ratio_로 해석할 수 있다. 즉 분자는 표본값이 0(H_0 하의 값)과 얼마나 다른지를 나타내며, 분모는 표본크기에 따른 잡음_Noise_을 나타낸다.

이 검정통계량에 앞서 확인한 값을 대입하면,

$$X = \frac{(\overline{X}_1 - \overline{X}_2) - 0}{\sqrt{\dfrac{s_1^2}{n_1} + \dfrac{s_2^2}{n_2}}} = \frac{(3.02 - 2.02) - 0}{\sqrt{\dfrac{4.92^2}{60} + \dfrac{8.34^2}{60}}} \fallingdotseq 0.800$$

(단, $n_1 = n_2 = 60$인 경우)

으로 검정통계량의 관측값이 약 0.800이고 이때의 p-값은 0.4238[37]이다. 따라서 유의수준 5%에서 귀무가설을 기각할 수 없다. 약 1%의 평균 차이($\overline{X}_1 - \overline{X}_2 = 1.00$)는 표본추출의 변동성 때문이다. 결과적으로 두 모집단의 평균이 다르다는 증거를 찾지 못한 것이다. 따라서 연구자는 나스닥-100과 APPL의 평균 수익률이 다른가에 대해 다르지 않다고 결론을 내리게 된다.

이제 네이만-피어슨 의사결정 이론적 접근법을 고려해보자. 귀무가설과 대립가설은 다음과 같다.

$$H_0: \mu_1 - \mu_2 = 0$$
$$H_1: \mu_1 - \mu_2 = 2$$

투자자는 APPL 투자 수익률이 나스닥-100의 투자 수익률보다 최소 2% 이상 높을 경우 APPL 주식을 선택하려 한다. 이때 H_1 하에 선택되는 값은 투자 위치와 관련 위험에 대한 신중한 연구에 기초하여 선택되어야 한다. 각 투자에서 발생할 수 있는 손실을 고려하여 유의수준(제1종 오류를 범할 확률)과 제2종 오류를 범할 확률을 결정해야 한다. 이러한 접근법은 무효의식보다 훨씬 더 많은 조사와 신중한 연구설계를 필요로 한다. 그러나 앞 장에서 논의한 바와 같이, 현 시대는 이러한 접근법을 잊어버렸을 뿐 아니라 학술 및 전문 통계에서도 거의 사용되지 않고 있다.

2. 여론조사

여론조사는 가장 널리 이용되는 통계의 적용 중 하나이다. 보통 여론조사는 "일련의 질문들을 확인한 다음에 비율 또는 신뢰구간 내에서 일반성을 추정하여 모집단의 의견을 기술하도록 설계"되어 있다. 정치 여론조사는 종종 선거 기간 동안 뉴스 헤드라인을 장식하며 정치인, 뉴스 기관, 기업의 의사결정권자, 정책 입안자 및 유권자들로부터 엄청난 관심을 끌고 있다. 개인이나 단체의 기대, 행동, 선호도를 파악하기 위해 매일 여러 설문 조사가 진행된다.

정치적인 여론조사에서, 여론조사원들은 일반적으로 유권자의 모집단으로부터 크기가 1,000명에서 3,000명 사이로 표본을 추출한다. 이때 표본크기는 여론조사에서 사용 가능한 시간과 비용을 염두에 두고 선택되며, 표집오차가 합리적인 한계 내에 있는지 보장하는 값이다.

가상으로 이루어진 바이든 대통령과 트럼프 대통령의 2024년 대선 여론조사 결과를 예로 들어보자[38]. 에머슨 칼리지가 1,000명의 유권자를 표본으로 2022년 8월 23일에 실시한 여론조사에서 표본 유권자의 43%가 바이든을, 42%가 트럼프를 지

Polling Data						
Poll	Date	Sample	MoE	Trump (R)	Biden (D) *	Spread
RCP Average	1/14 - 2/16	--	--	44.4	44.3	Trump +0.1
ABC/WP	9/18 - 9/21	908 RV	4.0	48	46	Trump +2
NYT/Siena	9/6 - 9/14	1399 RV	3.6	42	45	Biden +3
Harris	9/7 - 9/8	1885 RV	–	45	42	Trump +3
Emerson	8/23 - 8/24	1000 RV	3.0	42	43	Biden +1
Wall St. Journal	8/17 - 8/25	1313 RV	2.7	44	50	Biden +6
Harris	7/27 - 7/28	1885 RV	–	45	41	Trump +4
Rasmussen	7/26 - 7/27	1000 LV	3.0	46	40	Trump +6
Emerson	7/19 - 7/20	1078 RV	2.9	46	43	Trump +3
Trafalgar	7/11 - 7/14	1085 LV	2.9	48	43	Trump +5

지했다. 이제 1%의 차이가 통계적으로 유의한지 여부가 중요한 통계적 질문이 된다. 이 차이는 모집단의 실제 차이를 나타내는 걸까, 아니면 표본추출의 변동성 때문에 발생한 걸까?

p_1이 바이든을 지지하는 모비율이고 p_2가 트럼프를 지지하는 모비율이라고 하자. 각각의 표본 비율은 다음과 같이 추정된다.

$$\hat{p}_1 = \frac{X_1}{n_1} \qquad \hat{p}_2 = \frac{X_2}{n_2}$$

여기서 $n_1 = n_2 = 1000$이고, X_1과 X_2는 바이든과 트럼프를 지지하는 지지자의 수이다. 비율의 표집분포는 다음과 같이 정규분포를 따른다.

$$\hat{p}_i \sim N \left(p_i, \frac{p_i(1-p_i)}{n_i} \right) \quad (단, i=1, 2).$$

이는 표본 비율이 모비율 p_i을 평균으로, 표준오차를 $\sqrt{\dfrac{p_i(1-p_i)}{n_i}}$로 갖는 정규분포를 따른다는 의미이다. 모집단에 대

한 95% 신뢰구간에 기초하여 바이든과 트럼프의 지지율 범위는
다음과 같이 계산된다.

$$\left(\hat{p}_i - 1.96\sqrt{\frac{\hat{p}_i(1-\hat{p}_i)}{n_i}} \, , \, \hat{p}_i + 1.96\sqrt{\frac{\hat{p}_i(1-\hat{p}_i)}{n_i}}\right).$$

[1] 바이든 $\hat{p}$=0.43

$$\left(0.43 - 1.96\sqrt{\frac{0.43(1-0.43)}{1000}} \, , \, 0.43 + 1.96\sqrt{\frac{0.43(1-0.43)}{1000}}\right) \fallingdotseq (0.3993, 0.4607)$$

[2] 트럼프 $\hat{p}$=0.42

$$\left(0.42 - 1.96\sqrt{\frac{0.42(1-0.42)}{1000}} \, , \, 0.42 + 1.96\sqrt{\frac{0.42(1-0.42)}{1000}}\right) \fallingdotseq (0.389, 0.4506)$$

즉, 바이든 지지율은 (0.40, 0.46), 트럼프 지지율은 (0.39, 0.45)로 확인된다. 여기서 두 신뢰구간이 겹치고 1%의 차이가 표본추출 변동성 내에 있다. 결과적으로 지지율이 모집단에서 다르다는 것을 뒷받침할 증거가 없다고 봐야 한다.

가설검정에서, 다음과 같은 귀무가설과 대립가설을 세워 검정할 수 있다.

H_0: $p_1 - p_2 = 0$

H_1: $p_1 - p_2 > 0$

비록 여론조사가 유용한 정보를 전달하고 모집단에 대하여 합리적으로 정확한 예측이나 진술을 자주 제공하지만, 반면에 엄청난 실패를 담고 있는 것으로 나타나기도 한다. 예를 들어, 2016년 클린턴과 트럼프의 대통령 선거에서 전국 여론조사는 클린턴의 승리를 예측했다. 또한 2020년 여론조사는 바이든이 충분한 차이로 승리한다고 예측했지만 근소한 차이로 승리했다.

편향될 수 있는 여론조사 오류는 비표집오차를 보이며, 2장에서 논의한 표집오차와는 다르다. 비표집오차에는 편향된 표집, 편향된 설문조사 질문, 비응답 및 응답자가 제공한 잘못된 정보가 포함된다. 2016년 미국 선거에서, 여론조사는 핵심적인 트럼프 지지층인 저학력 백인 유권자들의 의견을 대변하지 않았다[39]. 여론조사 오류는 표집오차가 아니기 때문에 표본크기가 증가해도 사라지거나 작아지지 않는다. 이러한 비표집오차와 관련된 편향은 표본크기가 증가함에 따라 커질 수 있으며, 여론조사 결과의 정확도를 더욱 악화시키게 된다.

표집오차와 비표집오차의 개념

① 전체오차는 표집오차와 비표집오차로 구분된다.
② 표집오차와 비표집오차는 서로 상호 독립적이면서, 어느 것 하나라도 지나치게 크면 전체 오차는 커진다.

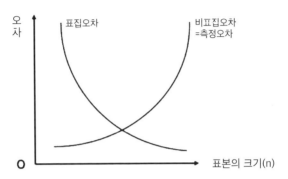

③ 전체 오차를 극소화하기 위해 표집오차와 비표집오차를 동시에 극소화 시켜야 한다.

1. 표집오차(Sampling Error)

① 표집 과정에서 발생하는 오차로 충분하지 않거나 대표성이 없는 표본을 잘못 추출함으로써 발생한다.
② 모집단의 모수와 표본조사의 통계량 간의 차이, 즉 통계량들이 모수 주위에 분산되어 있는 정도를 의미한다.
   (예) 평균의 표집오차 = | 모평균 μ - 표본평균 $\bar{X}$ |
③ 표본의 크기가 클수록, 표본의 분산이 작을수록 작아지며, 이질적인 모집단보다는 동질적인 모집단의 경우일수록 감소한다.
④ 표집오차가 없도록 표본을 추출하는 것은 불가능하므로 각 조사에서 오차의 범위를 반드시 제시한다.

2. 비표집오차(Non-Sampling Error)

① 표본추출 이외의 과정에서 발생하는 오차로 표본조사를 할 때 표본체계

가 완전하게 설계되지 않아서 발생한다.

(예) 조사준비 과정, 실제 조사, 자료집계, 자료처리 과정 등에서 발생

② 표본조사와 전수조사 모두에서 발생한다.

③ 무응답 오류, 조사 현장에서의 오류, 자료기록 및 처리상의 오류, 불포함 오류 등에 의해 야기된다.

④ 표집(표본추출)에 대한 검토 과정을 추가하거나 조사원을 훈련시키는 등의 방법으로 어느 정도 감소할 수 있다.

3. 경제학 연구

경제학에서 경제 변수들 사이의 관계가 추정되고 검정될 수 있다. 이는 경제 이론의 경험적 타당성을 확립하거나 당면한 자료가 내포하는 관심 모수를 추정하기 위한 것이다. 경제 정책을 수정하거나 건의를 할 때, 변수들 사이의 관계와 추정된 모수 값이 중요하다. 예를 들어, 인플레이션이 높은 시기에 중앙은행이 금리를 인상하여 물가 수준 상승에 압력을 가하려는 의도가 있다는 것은 잘 확립된 경제 이론이다. 이들이 금리를 올리기 전에 중앙은행이 답해야 할 문제는 "금리 1% 인상에 대응해 물가 상승률이 '얼마나' 떨어질까?" 하는 것이다. 이 '얼마나'라는 질문은 과거 자료를 사용하여 금리와 물가 상승률의 관계를 추정함으로써 답할 수 있다.

간단한 수요 방정식을 생각해 보자. 경제 이론에 따르면 수요는 가격과 마이너스 관계이다. 만약 소비자들에게 제품이나 서비스 가격이 더 높아진다면, 수요나 판매는 감소할 것이다. 일차적으로 소비를 줄이거나, 대체 제품이나 서비스를 찾게 된다. 다만 가격을 일정량 올리면 수요가 얼마나 줄어들지가 문제다. 이 문제의 답은 제품이나 서비스의 유형, 소비자의 인구통계학적 특징 등과 같은 다양한 요인에 따라 달라진다. 수요가 가격에 매우 민감하거나 가격 변동에 따라 수요가 실질적으로 변화하지 않는 경우일 수 있다. 그리고 이 '얼마나'라는 질문은 자료를 탐색해 봄으로써 답할 수 있다.

경제적 관계를 추정하기 위해서는 현실의 단순화된 버전이 필요하다. 경제적 관계의 현실은 매우 복잡할 수 있고 충분한 관찰이 불가능할 수도 있으며, 관찰된 자료를 사용하여 추정하는 것이 심지어 불가능할 수도 있다. 따라서 경제학자들은 수학적, 통계적으로 다룰 수 있는 모델 또는 현실의 단순화된 모델을 설정한다. 이 모델을 이용하면 경제학자들이 자료를 사용하여 단순화된 관계를 추정할 수 있고 그 관계의 실체를 조명해볼 수 있다. 모델은 현실의 근사치로 간주될 수 있지만, 경제학자들은 자신들이 세운 모델이 참인 관계의 좋은 근사치가 되기를 희망한다.

유명한 통계학자 조지 박스Geroge Box는 1976년 "모든 모델이 옳은 것은 아니다. 그러나 일부는 유용하다"라고 말했다. 즉, 모델은 근사치이지만, 때로는 현실의 좋은 표현이 될 수 있다는 의미이다. 다시 말해, 모델은 분명히 관계에 대한 유용한 결과를 제공할 수 있다. 그러나 종종 모델이 좋지 않은 근사치를 나타내고, 관계의 잘못된 결과를 이끌어 낼 수도 있다.

경제학자들은 현실의 좋은 근사치인 모델을 찾기 위해 다양한 통계적 방법을 어떻게 사용하는지 배운다. 이 분야를 **계량경제학**이라고 하는데, 경제적 관계를 모델링하기 위한 통계적,

수학적 접근법을 포함한다. 유용한 모델을 얻는 것은 어렵지만 모델에 비추어 자료에 숨겨진 흥미로운 정보를 확인할 수는 있다. 그리고 경제학자들은 중요한 예측과 정책 결정을 내리는 데 이러한 모델을 사용할 수 있다.

어느 인터넷 콘텐츠 제공자가 월 구독료 인상을 고려하고 있다고 가정해보자. 이들은 구독자 수가 크게 줄어들 것을 우려하게 된다. 이 민감도를 추정하기 위해 다음과 같은 모델을 고려할 수 있는데,

(1) $Y = \alpha + \beta_1 X_1 + u$

Y는 월 구독자 수(천명)이고 X_1은 월 구독료(천원)이다. 회사가 구독자 수와 구독료에 대한 과거 자료를 가지고 있다면 모수 α와 β_1을 추정할 수 있다. 여기서 Y를 종속변수, X_1을 설명변수[40]라고 한다. u는 모델로 설명할 수 없는 쇼크를 나타내는 오차항이다.

과거 자료에 따르면, 구독료가 월 6,000원에서 13,000원으로 올랐을 때 구독자 수는 94,000명에서 86,000명으로 감소했다. 이때 대각선은 X와 Y의 산점도를 통과하는 가장 적합한 직선이다. 모수 α는 이 실선의 Y절편[41]을 나타내고, β_1은 선의 기울기[42]를 나타낸다. 이 직선에 근거하여 구독료가 월 15,000원에서 17,000원으로 변경될 경우 예상되는 구독자 수의 변화를 예측할 수 있다.

추정된 선이 $Y = 99.13 - 0.98X_1$ 이었다고 한다. 즉, 구독료

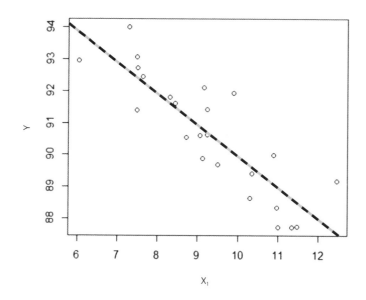

가 1,000원 오르면 구독자 수가 0.98 또는 980명 감소할 것으로 예상된다는 의미이다.

이 분석을 **회귀분석**[43]이라고 부르며 과학의 많은 분야에서 널리 사용되는 분석 방법이다. 회귀분석은 '얼마나'에 대한 질문에 답하거나 X_1에 대한 Y의 한계 효과[44]를 측정하는 데 유용하다.

위의 모델은 하나의 설명변수만 사용되는 회귀모델의 단순한 버전이다. 그러나 경제관계는 복잡할 수 있으며 종속변수는 여러 설명변수에 영향을 받을 수 있다.

구독자 수가 경제 상황에 따라 달라진다는 주장이 있다고 가정해보자. 그렇다면 위의 모델은 Y에 대한 완전한 경제적 결정자를 드러내지 못할 수 있다. 따라서 모델을 다음과 같이 좀 더 확장해서 나타낼 수 있다.

(2) $Y = \alpha + \beta_1 X_1 + \beta_2 X_2 + u$

(Y: 월 구독자 수, X_1: 월 구독료, X_2: 실업률)

경기 악화와 소비자들의 소득과 신용 등이 구독자 수 감소의 원인이 됐을 가능성이 있어 실업률 X_2를 자료 집합Data Set에 추가한 결과, 다음과 같은 결과를 얻었다고 해보자.

$Y = 60.12 - 0.11X_1 - 1002.14X_2$

X_2의 계수가 -1002.14이므로 실업률 1% 상승에 대응해 구독자 수가 1,000명가량 줄어든다고 할 수 있다. 월 구독료 X_1에 대한 계수 β_1는 -0.11에 불과하므로 종속변수는 월 구독료에 크게 민감하지 않고 오히려 경기침체로 인한 실업률 등에 의해 하락하고 있다.

여기서, 모델 (1)은 종속변수에 영향을 미치는 설명변수가 하나이고 과대 반응이 가능해 현실적으로 좋은 근사치라 할 수 없으며, 모델 (2)가 더 나은 근사치로 월 구독료와 구독자 수 사이의 관계를 올바르게 판단하는 데 유용할 수 있다.

추측통계의 경우, 연구자는 신뢰구간 또는 검정통계량을 사용하여 $H_0: \beta_1=0$인지 여부를 검정할 수 있다. $H_0: \beta_1=0$에 대한 검정은 Y에 대한 변수 X_1의 통계적 유의성을 나타낸다. 표본추출 변동성을 고려하면 추정값 −0.11이 0과 통계적으로 다른지 또는 0과 통계적으로 구별 가능한지 알 수 있다. 더 중요한 질문은 Y에 대한 X_1의 경제적 중요성인데, 가격에 대한 수요나 판매의 민감도가 경제적으로 중요한 지 여부이다. 이는 −0.11의 추정치가 경제적으로 중요한 지에 대한 질문으로 답할 수 있으며, 이것은 이전 장에서 논의한 자료의 효과크기 또는 신호에 대한 연구이다.

Y = 99.13 − 0.98X_1에서 월 구독료가 1,000원 오르면 구독자 수가 980명 감소한 것과 비교해 Y = 60.12 − 0.11X_1 −1002.14X_2에서는 실업률이 변하지 않을 때 월 구독료만 1,000원 인상되면 구독자 수가 110명 정도 감소할 것으로 예상된다. 만약 실업률이 동일한 수준을 유지할 경우, 일부 고객을 잃음에도 불구하고 구독자 수의 감소율이 현저하게 낮기 때문에 회사에 크게 영향을 미치지 않으며 오히려 회사에 더 높은 수준의 수익을 제공할 수 있을 것으로 본다.

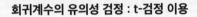

회귀계수의 유의성 검정 : t-검정 이용

① 가설세우기

   ㉠ H_0: β_1=0, 회귀계수가 유의하지 않다

   ㉡ H_1: $\beta_1 \neq 0$, 회귀계수가 유의하다

② 검정통계량과 자유도가 n-2인 t분포 세우기

$$T = \frac{b_1 - \beta_1}{\sqrt{Var(b_1)}} = \frac{b_1 - \beta_1}{\sqrt{MSE/S_{xx}}} \sim t(n - 2\alpha)$$

③ 유의수준 α에 따른 자유도가 n-2인 t분포에서 기각역 설정하기

   $| T - 값 | \geq t(n - 2, \alpha / 2)$

④ 검정통계량 관측값(T-값) 구하기

⑤ H_0의 기각 여부를 결정하고 결론 내리기

   $| T - 값 | \geq t(n - 2, \alpha / 2)$이면 귀무가설을 기각한다.

4. 의학 연구

　의학 연구는 통계 분석을 위한 또 다른 인기 있는 응용분야
이다. 제약회사가 새로운 약이나 백신을 개발할 때, 자신의 신제
품에 큰 부작용이 없으며 효과적이라는 증거가 필요하다. 따라
서 의학 연구는 "의학적, 수술적 또는 행동적 개입의 평가를 목
표로 하는 사람들을 대상으로 수행된 연구"인 임상실험의 결과
에 기초한다. 임상실험을 통해, 연구자들은 새로운 치료법(신약이
나 의료기기)이 안전하고 효과적인지를 확인한다. 정부나 국제기
구로부터 공공용으로 승인[45]을 받기 위해서는, 새로운 치료법이
효과적이고 안전하다는 것을 보여주는 설득력 있는 통계적 증
거가 필요하다.

　임상실험의 구조는 간단하다. 우선 참가자를 두 집단으
로 나눈다. 한 집단은 신약이나 치료를 받고, 다른 집단은 위약
Placebo[46]을 받거나 치료를 받지 않는다. 이후 약물이나 치료제의
효과를 비교하여 유의한 차이가 있는지 여부를 확인한다. 예를
들어, 코로나 백신도 유사한 과정을 거쳐 개발, 시험 및 승인되
었다.

　예를 들어 심장마비 예방에 대해 아스피린이 효과가 있는

지를 임상실험을 하는 사례가 있다고 해보자. 3년 동안 22,000명의 남성을 대상으로 연구가 수행되었는데, 11,000명은 아스피린을 정기적으로 복용했고 나머지 11,000명은 위약을 복용했다. 3년의 기간이 지난 후, 연구원들은 아스피린을 정기적으로 복용한 첫 번째 집단에서 104명이 심장마비를 일으켰고, 위약을 복용한 두 번째 집단에서는 189명이 심장마비를 일으켰다는 것을 확인했다. 통계적 증거는 다음과 같이 요약될 수 있다.

$$\hat{p}_1 = 104/11000 ≒ 0.009; \quad \hat{p}_2 = 189/11000 ≒ 0.017;$$

$$\hat{p}_1 - \hat{p}_2 ≒ -0.00773$$

즉, 첫 번째 집단의 구성원 중 0.9%, 두 번째 집단의 구성원 중 1.7%가 심장마비를 일으킨 것으로 나타났다. 이때, 0.9%가 1.7%와 통계적으로 다르다고 확인되거나 또는 ($\hat{p}_1 - \hat{p}_2$)의 차이 -0.00773이 0과 다를 경우, 아스피린의 효과가 통계적으로 입증된 것으로 볼 수 있다.

다음 귀무가설과 대립가설에 대해 가설검정을 실시할 수 있다.

$$H_0: p_1 - p_2 = 0$$
$$H_1: p_1 - p_2 < 0$$

여기서 p_1과 p_2 는 두 집단의 모비율을 나타낸다. 95% 신뢰구간은 다음과 같이 계산된다.

$$(\hat{p}_1 - \hat{p}_2) \pm 1.96 \sqrt{\frac{\hat{p}_1(1-\hat{p}_1)}{n_1} + \frac{\hat{p}_2(1-\hat{p}_2)}{n_2}}$$

$$= (0.009 - 0.017) \pm 1.96 \sqrt{\frac{0.009\,(1-0.009\,)}{11000} + \frac{0.017\,(1-0.017\,)}{11000}}$$

즉, (-0.0008 -0.0007)이다. 이 구간은 반복 표본추출에서 95% 신뢰도로 $(p_1 - p_2)$의 실제 모집단 값을 포함한다고 해석된다. 만약 이런 종류의 시도가 1,000회 반복된다면, 950번은 $(p_1 - p_2)$의 참값을 담고 있다는 의미이다. 그런데 앞서 계산한 구간에 $\hat{p}_1 - \hat{p}_2 = 0$이 포함되지 않으므로, 통계적 증거는 표본 비율의 차이가 통계적으로 5% 유의수준에서 0과 다르다는 것을 시사한다. 따라서 아스피린을 복용하는 것이 심장마비 예방에 효과가 있음이 통계적으로 입증되었고 H_0: $p_1 - p_2 = 0$은 기각된다. 이 연구 결과에 대한 보고서는 아스피린 복용자들이 복용하지 않는 사람들보다 심장마비를 예방할 가능성이 거의 두 배 높다는 헤드라인을 덧붙일 수도 있다.

위의 예는 의학 연구자들이 통계적 유의성을 확증하는 방법이다. -0.00773의 차이가 임상적으로 그리고 실질적으로 0과 다른지 여부는 매우 중요한 질문이지만 본 책에서는 그 문제를 자세히 다루지 않으려 한다. 그러나 이 문제는 자격을 갖춘 건강 연구자에 의해 비판적으로 평가되어야 하며 임상실험의 주요 초점이 되어야 한다. 앞서 강조했지만, 연구자들은 자료의 효과크기*Effect Size*나 신호*Signal*에 대한 연구를 자주 무시한다.

중요한 점은 통계적 유의성이 실제적인 증거와 비교해 부수적인 쟁점이 되어야 한다는 것이다. 즉, 임상적이고 실제적인 중요성이 통계적 증거에 의해 뒷받침된다면 보다 이상적이다. 그러나 실제적인 중요성이 의심스럽거나 명확하게 입증되지 않는다면 통계적 증거도 무시되거나 신중하게 다루어져야 한다.

이 가설검정 방법은 3장에서 논의한 무효의식에 근거한 것이다. 만약 네이만-피어슨의 의사결정 이론적 접근법을 따른다면 가설검정은 다음과 같은 방식으로 이루어져야 한다.

H_0: $p_1 - p_2 = 0$

H_1: $p_1 - p_2 = -0.05$

대립가설에 두 집단의 차이를 특정 값으로 지정하는 것이 다른 점이다. 이 값 -0.05는 H_0을 기각하기 위해 두 집단 사이의 차이가 최소 5%여야 함을 의미한다. 이 값은 의료 연구자가 자료를 얻기 전에 실질적으로 그리고 임상적으로 충분한 차이의 최솟값으로 선택되어야 한다.

대립가설로 특정 값이 정해지면, 연구자들은 유의수준(α), 제2종 오류를 범할 확률(β) 및 검정력의 값을 설정하여 표본크기를 결정한다. 무효의식의 한 가지 큰 문제는 표본크기가 통계적 정당성 없이 선택된다는 것이다. 예제의 경우 22,000이라는 큰 표본크기를 선택한 이유에 대한 정당성이 확인되지 않았다.

이렇게 표본의 크기를 크게 하면 어떤 효과가 뒤따라오는지 5장에서 더 논의할 것이다. 그러나 3장에서 논의한 바와 같이, 검정통계량이 표본크기만큼 부풀려져 효과크기가 가려지게 된다.

세계는 이렇게 작성된 의학 연구 보고서들로 넘쳐난다. 커피를 더 많이 섭취하면 암에 걸릴 확률을 줄일 수 있고, 가공육을 더 많이 섭취하면 암에 걸릴 확률을 높일 수 있다는 등, 그 목록은 계속된다. 학술지들도 실질적인 중요성보다 통계적 중요성에 더 기반을 둔 임상연구들만 발표한다. 이런 상황이 발생하는 주요 이유는 통계 연구에서 효과크기가 충분히 조사되지 않았기 때문이다.

이런 종류의 임상실험이 동일하게 반복될 수 있을까? 통계적으로 유의하다는 의미는 반복적인 표본추출에 근거한 개념 및 방법이다. 그러나 3년 동안 남성 22,000명이 참여한 이 실험이 1,000번은 말할 것도 없고 두 번이라도 반복되리라고 기대하는 것은 사실상 불가능하거나 실현되기 어렵다. 혹시 유사한 실험 환경에서 다른 독립적인 연구가 수행될 수 있을까? 그렇게 될 수는 있다. 그렇다면 동일한 결과가 얻어지거나 동일하게 재현 가능할까? 그럴 것 같지 않다. 다음 장에서 확인하겠지만, 과학 연구에서 재현성율은 50% 미만이다. 즉, 통계적 연구는 대부분의 경우 다른 연구자에 의해 재현될 수 없다는 것을 의미한다. 이를 과학 연구에서 **재현성 위기***Reproducibility Crisis*라고 하며, 다음 장에서 더 자세히 논의할 것이다.

5. 경제 및 비즈니스 예측

경제나 비즈니스를 예측하기 위해 통계적 모델이나 방법을 사용할 수 있다. GDP[47]나 실업률과 같은 주요 경제 지표가 미래에 어떻게 나타나는지는 기업의 의사결정자, 정부의 정책 입안자 및 투자자에게 중요하다.

통계적 예측에서 가장 기본적이고 널리 사용되는 방법은 '시계열 예측'이다. 시계열은 일, 월, 분기 및 연간과 같은 정기적인 빈도로 시간이 지남에 따라 생성되는 자료 집합이다. 이러한 시계열은 역사적 패턴을 자주 보여준다. 예를 들어, 어떤 회사의 연간 매출은 5%의 꾸준한 성장세를 보이며 특히 6월과 12월에 다른 달보다 더 높은 매출을 보인다고 한다. 꾸준한 성장은 경제 성장이나 인구 증가와 같은 장기적인 추세와 관련될 수 있으며, 매출이 가장 높은 6월과 12월은 중간 및 연말 판매 기간과 같은 계절성으로 설명할 수 있다. 이처럼 과거의 패턴이 강하게 나타난다면 이러한 패턴은 미래에도 지속될 가능성이 높다. 이 경우에 적절한 통계적 모델을 사용하여 패턴을 파악할 수 있다면, 추정된 패턴을 미래로 투영하여 미래의 매출을 예측할 수 있다.

이것을 설명하는 간단한 모델은 **자기회귀모델**[48]이다.

$$Y_t = \mu + \beta_1 Y_{t-1} + \cdots + \beta_p Y_{t-p} + u_t$$

여기서 Y_t는 시계열 변수의 현재 값을 나타내고 Y_{t-k}는 k주기 전 시계열 값을 나타낸다. 위 모델은 시계열의 현재 값 Y_t이 장기 평균값 μ와 계수 β_i(i는 시차 *Lag* 1에서 p까지)를 갖는 과거 값에 의존한다고 가정한다. 오차항 u_t은 모델로 설명할 수 없는 예상치 못한 또는 비근본적인 백색 소음을 의미하며 평균이 0, 분산이 σ^2이고 Y_{t-k} (k = 1, 2, ⋯, p)와 독립이다.

μ와 β_i (i = 1, 2, ⋯, p)의 값을 알 수 없으므로 시차 p를 고려하여 μ와 β_i (i = 1, 2, ⋯, p)의 값을 자료를 사용하여 추정해야 한다. 그리고 추정된 값들로 모델이 세워지면 이를 사용하여 예측값을 구할 수 있다.

예를 들어, 미국의 연방 준비 제도 이사회 경제자료(FRED, Federal Reserve Economic Data)로부터 다음과 같은 두 개의 거시경제 시계열 자료를 구할 수 있다. 호주의 실질 GDP는 1980년(1분기)부터 2021년(4분기)까지 분기별로 168건이 관측되었고, 실업률(15세 이상)은 2009년 1월부터 2022년 3월(267건의 관측치)까지 매달 집계되었다(단, 계절조정[49]이 이루어짐). 아래 그림은 이 시기의 GDP와 실업률을 나타낸 그래프이다.

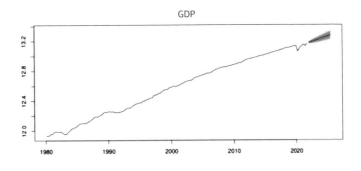

GDP

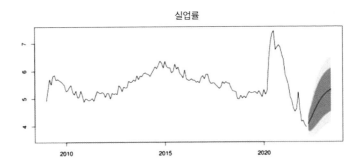

실업률

　　실질 GDP[50]는 작은 주기적 변동이 있기는 하지만 뚜렷한 상승 추세를 보이고 있다. 이는 호주의 실질 GDP가 꾸준하게 증가하고, 경기 호황이나 불황에 따른 변동폭이 그리 크지 않다는 것을 의미한다. 실업률은 추세를 보이지는 않지만 5%에서 6% 사이에서 등락을 보이고 있다. 코로나 팬데믹으로 2021년 전후로 실업률이 가파르게 떨어짐을 보이고 있으며, 실질 GDP도 비슷한 시기에 급격한 감소를 보이고 있다.

　　모델 추정 결과가 다음과 같다고 해보자.

GDP: $Y_t = 0.0074 + 1.0444Y_{t-1} - 0.0444Y_{t-2}$

실업률: $Y_t = 5.4311 + 1.1012Y_{t-1} - 0.1956Y_{t-2} + 0.2353Y_{t-3}$
$- 0.2255Y_{t-4}$

추정 결과는 시계열의 동적 패턴을 보여준다. 실질 GDP는 지난 분기의 값과 두 분기 전의 값에 따라 달라지며, 실업률은 최대 4분기까지 더 긴 의존도를 보이고 있다.

앞의 추정 결과를 바탕으로 미래를 예측할 수 있다. 두 번째 그래프의 끝에 있는 선은 평균을 예측한 것이고 회색 영역은 미래값의 분포의 가능성을 보여주며, 더 짙은색 부분은 그 가능성이 높은 영역을 나타낸다. 이러한 모델을 이용해 신뢰할 수 있는 예측을 생성할 수는 있지만, 과거 자료를 잘 설명한다는 것이 반드시 미래를 정확히 예측한다는 의미는 아니다. 조지 박스(1976)가 말했듯이, "모든 모델이 옳은 것은 아니다. 그러나 일부는 유용하다." 미래 결과에 대한 최종 결정은 이러한 시계열 모델에서 생성된 예측을 포함하여 사용 가능한 모든 정보를 결합하여 이루어져야 한다.

이러한 사례는 단순한 예이며, 실제 비즈니스 및 경제 예측에서 채택된 방법은 훨씬 더 정교하고 복잡하다. 그러나 원칙은 동일하다. 모델은 실제 세계의 단순화된 버전에서 시계열의 과거 패턴이나 역사를 식별하고, 이 식별된 역사적 패턴은 미래에 투영된다.

위의 예는 직관이나 의견이 반영되지 않은 순수한 통계적 방법에 기반한 **정량적 예측**이다. 과거 자료가 없거나 불충분한 경우 정량적 예측 방법이 만족스럽게 작동하지 않을 수 있다. 경제나 시장이 새롭고 예상치 못한 상황(예를 들어 팬데믹의 발발 또는 글로벌 금융 위기의 시작 등)에 직면할 때, 정량적 모델의 예측은 쓸모가 없을 수 있다. 이 경우 **판단적 예측** 방법을 사용해야 한다. 판단적 예측 방법은 직관적인 판단, 의견 및 주관적인 확률 추정치를 통합한 방법이다. 예를 들어, 전문가 의견을 조사하여 참고하는 등, 정량적 예측이 실패하거나 불충분할 가능성이 있는 경우에 유용하다.

6. 주식 거래 및 포트폴리오 선택

　주식 시장은 효율적인가? 이 질문은 일반 투자자뿐만 아니라 펀드 운용이나 관련 업계의 많은 전문가들에게도 상당히 중요하다. 주식 시장이 완벽하게 효율적이라면, 모든 가격은 이용 가능한 모든 정보를 즉각적으로 완전하게 반영해야 하며, 어떤 투자자도 비정상적인 수익을 지속적으로 얻을 수 없다. 그러나 시장이 비효율적인 경우, 가격은 이용 가능한 정보가 암시하는 수준과 다르게 과소반응하거나 과잉반응하며, 시장의 타이밍을 잡을 수 있는 투자자들이 비정상적인 수익을 얻을 수 있다.

　거래 전략은 두 가지 상태, 즉 시장 효율성과 시장 비효율성에 따라 다르다. 먼저 시장이 효율적이라면 거래는 의미가 없다. 투자자들은 매수 후 보유 전략을 채택하는 게 더 낫다. 장기 투자자만이 시장 변동성을 헤쳐 나갈 승자가 될 것이고, 이들의 수익은 장기적인 경제 및 시장 근본 가치[51]에 따를 것이다. 시장의 비효율성 아래에서는 활발한 거래가 비정상적인 이익을 가져올 수 있으며, 거래자들은 과소평가되거나 과대평가된 종목들을 선택하여 시장의 타이밍을 잡는 다양한 방법을 채택할 것이다. 많은 자산관리 전문가[52]와 트레이더[53]는 시장이 비효율적이라는 가정하에 (암묵적이든 명시적이든) 매매한다. 그들은 다양한 양적, 통계적 방법을 이용할 수 있으며, 최첨단 통계적 방법과 투자 상품의 가용성이 증가함에 따라 새로운 방법을 개발한다.

그렇다면 주식 시장은 효율적인가 아니면 비효율적인가? 1960년대부터 많은 세대에 걸친 금융학자들은 다양한 통계적 방법을 사용하여 가설을 테스트했다. 구글 학술 검색에서 "주식 시장 효율성Stock Market Efficiency"이라는 용어를 검색한 결과 3백만 건 이상의 학술 논문이 검색되었다[54]. 그러나 주식 시장이 효율적인지 비효율적인지에 대한 증거는 여전히 결론이 나지 않고 논란이 계속되고 있다. 마우스 클릭 한 번으로 주식 거래를 할 수 있는 시대에, 우리는 여전히 주식 가격이 정확한지 확신할 수 없다.

그러나 한 가지는 분명하다. 학계는 '완벽하고 절대적인 효율성은 불가능하다'는 사실을 이미 증명했다는 것이다. 왜냐하면 가격이 정말로 모든 정보를 반영하고 원하는 수준으로 즉시 정확하게 조정된다면, 거래할 동기는 없어질 것이기 때문이다. 이 주장에 대응하여, 효율적인 시장 가설의 수정된 버전이 제안되는데, 이를 '적응적 시장 가설'이라고 한다.

시장은 우세한 시장과 경제가 처한 상황에 따라 지속적으로 변한다. 특히 효율적인지 혹은 비효율적인지 이분화될 수 없다. 오히려 비효율적이거나 수익 예측 가능성을 가끔 보일 뿐이다. 따라서 시장은 일반적으로 효율적이지만, 가끔씩 비효율적이라고 본다. 그리고 시장 참여자들이 시장의 비효율성을 파악

적응적 시장 가설(Adaptive Market Hypothesis, AMH)

효율적 시장 가설*Efficient Market Hypothesis, EMH*(Fama, 1970)은 가격이 모든 정보와 시장참여자들의 기대를 반영하고 있다는 입장이며, 적응적 시장 가설은 개인들이 과거 경험과 최선의 추측에 기반하여 의사결정하고 그 결과에 대한 긍정적/부정적 강화를 통해 선택을 수정할지 지속할지 학습하는 진화적 양상을 보인다는 입장이다(Lo, 2004).

하고 추가수익을 올리려고 할 때 시장의 비효율성은 사라진다. 이 상황에서 투자자들이 선택할 수 있는 매매 전략은 매수 후 보유 전략과 적극적인 거래 전략 모두 정당화될 수 있다. 그래서 자산운용업계는 크게 두 가지 유형의 펀드매니저로, 매입 후 보유 전략(인덱스 펀드[55] 등)을 가진 상품을 제공하는 펀드매니저와 적극적 거래 전략을 제공하는 펀드매니저를 함께 둔다.

적극적 거래 전략은 단순한 전략부터 머신러닝, 인공지능 등 이른바 최첨단 전략까지 다양하다. 특히 머신러닝이나 인공지능 등은 빅데이터가 등장하고 활용 가능해지면서 인기를 얻고 있다. 어떤 방법은 거래 수준 또는 분 단위 데이터로부터 수백만 개의 자료 포인트를 가진 모델을 추정한다.

여기서는 몇 가지 간단한 전략들을 소개하려 한다. 모멘텀 투자 전략(계속 투자 전략)[56]은 주가 상승이 이어질 것이라는 기대감을 갖고 과거 승자주를 선별해 주식 포트폴리오를 구성하는 것이다. 컨트래리언[57] 전략Contrarian Strategy[58]은 과거의 패자주를 선택하고, 그들이 다음 승자주가 될 것을 기대하는 것이다. 과거 가격 움직임을 그래픽으로 자세히 보여줌으로써 매수 신호나 매도 신호를 포착하고 거래 규칙을 개발하는 차트 작성자들이 있다. 예를 들어, 과거 가격을 매끄럽게 하여 가격의 추세를 드러내고 추정된 추세선을 이용하여 실적이 저조하거나 실적이 우수한 현재 수준을 결정한다.

통계적 방법과 사고를 적극 이용하는 투자 전략의 한 종류가 팩터 투자Factor Investing[59]이다. 이 전략은 통계적 방법에 따라 수익률의 주요 요인을 바탕으로 종목을 선정한다. 기본 모델로 자본자산 가격결정 모델을 출발점으로 하는데, 이 모델은 다음과 같은 간단한 형태로 작성될 수 있다.

$$R_i = \alpha + \beta R_m + u \quad (1)$$

여기서 R_i은 i라는 주식에 투자했을 때 예상되는 수익률을 의미하고 R_m은 일반 시장 지수 포트폴리오의 수익률이다.

여기서 α 값은 $R_m = 0$일 때 보이는 주식의 수익률 수준이므로, 시장에 대한 주식의 초과수익률을 의미한다. β계수는 시장의 위험에 대한 주식 i의 수익율의 민감도를 의미한다. 만약 β가 1이면 주식의 위험성은 시장의 움직임과 평균적으로 일대일로 변하기 때문에 시장의 위험성과 같고, β가 1보다 크면 주식이 더 민감하게 움직이기 때문에 시장보다 위험성이 크며, β가 1보다 작으면 그 반대이다.

주식의 수익과 움직임을 설명할 수 있는 또 다른 위험 요인
인 X_1이 있다고 가정하면, 자산 가격결정 모델*Asset-pricing Model*은
다음과 같이 수정된다.

$$R_i = \alpha + \beta R_m + \beta_1 X_1 + u \quad (2)$$

여기서 β_1은 이 추가 위험 요인 X_1에 대한 주식의 민감도
또는 위험성을 의미한다. 이 요인 X_1이 소규모 기업의 수익을 나
타낸다고 가정해보자. 그러면 주식 i는 크기 요인에 의해 구동되
며, 이 요인에 대한 위험성은 해당 계수 β_1에 의해 설명된다. 만
약 이 주식이 양(positive)의 α를 제공한다면, 이 주식은 일반적인
시장 상황 및 크기 요인과 관련된 위험을 고려하더라도 추가로
이익을 제공할 수 있다. 이 정보는 펀드매니저들이 포트폴리오
를 구성하기 위해 주식을 선택할 때 사용된다.

시장과 학계에서 제안된 요인은 수백 가지다. 이것을 팩터
주*Factor Zoo*[60]라 부르며, 금융 연구원들은 최고의 금융 저널에 게
재된 400개 이상의 요인들을 확인했다. 이에 대한 논의는 다음
장에서 추가할 것이지만 이처럼 요인이 확산된 것은 통계의 악
용이나 오용과 밀접한 관련이 있다. 이러한 요인들은 대부분 거
짓일 가능성이 높으며, 경제적 유의성이 없는 통계적 유의성의
결과로 얻어졌다. 지속적인 실적에 따른 경제적으로 타당한 요
인은 소수에 불과하다.

대체로 거시경제적 요인과 스타일 요인이라는 두 가지 요인 집단이 있다. 전자는 경제 성장률, 물가 상승률, 금리 등 주요 거시경제 지표를 포함하고, 후자는 규모, 가치, 모멘텀, 품질, 변동성 등을 포함한다. 예를 들어 모멘텀, 신흥 시장 또는 낮은 변동성과 같은 특정 테마를 가진 인덱스 펀드 또는 상장지수펀드 ETF를 많이 볼 수 있다. 이러한 포트폴리오는 위와 유사한 방법을 사용하는 요인을 기반으로 선택된다.

통계적 사고의 힘

7. 위험 관리

2008년 글로벌 금융위기의 여파로 은행과 금융기관의 위험 관리 및 금융규제 관행에 몇 가지 미비점이 드러났다. 이러한 문제에 대응하여 바젤은행감독위원회는 보다 엄격한 규제 프레임워크를 위한 다양한 새로운 조치를 시작했다. 이 위원회는 G-10 국가들의 중앙은행 총재들이 1974년에 설립한 은행 감독 당국의 위원회이며, 2019년 기준으로 28개 회원국이 가입되어 있다 [61]. 그들은 은행과 금융 기관이 따라야 할 새로운 규제에 대한 새로운 기준을 설정하는 이른바 바젤 III[62] 협정에 도달했다. 대부분은 시장 위험을 포함한 다양한 위험에 대한 은행의 자본 및 유동성 요구 사항에 대한 것이다.

Value at Risk(VaR)[63]는 정상적인 시장조건에서 보유기간, 신뢰수준 및 확률분포의 전제하에 시장위험으로 인해 포트폴리오로부터 발생할 수 있는 최대 손실 예상액을 추정한 금융기관의 시장위험 예측 지표이다. 바젤 III 협정은 은행과 무역 회사가 VaR을 기준으로 예비 자본을 적립할 것을 요구하였는데, 이는 재무제표에 보고되어야 한다. VaR은 2장에서 논의한 신뢰구간과 유사한 방식으로 결정된다. 95% VaR은 신뢰수준 95%에서

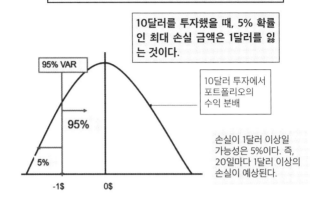

포트폴리오의 95% VaR

10달러를 투자했을 때, 5% 확률인 최대 손실 금액은 1달러를 잃는 것이다.

95% VAR

10달러 투자에서 포트폴리오의 수익 분배

95%

손실이 1달러 이상일 가능성이 5%이다. 즉, 20일마다 1달러 이상의 손실이 예상된다.

5%

-1$ 0$

산출된 최대 손실 예상액이다.

위 그림은 수익률 분포가 검은색 곡선인 포트폴리오의 95%를 보여준다. 투자액이 10달러일 때 20일마다 1달러 이상의 손실이 예상되며, 은행은 이 VaR을 기준으로 예비 자본을 세워야한다. 간단한 예제로 시간 t의 포트폴리오 수익률이 평균 μ_t 및 표준편차 σ_t를 갖는 정규분포를 따른다고 가정해보자. 그런 다음 95% VaR을 $\mu_t - 1.645\sigma_t$로 정의한다.

현실적으로 수익률 분포는 정규분포가 아니며, 거의 알려지지 않은 동적 관계로 시간이 지남에 따라 σ_t 값이 변한다. 따라서 위험 관리 전문가의 과제는 포트폴리오 수익의 분포를 식별하고 표준편차에 적합한 동적 모델을 찾는 것이다. 이를 일반화된 자기회귀 조건부 이분산*Generalized Auto-Regressive Conditional Heteroskedasticity: GARCH* 모델[64]이라고 부르며 금융 산업에서 널리 사용된다.

8. 정리하면서

이 장에서는 앞 장에서 논의한 기술통계와 추측통계를 모두 사용하여 통계적 방법을 적용하는 몇 가지 예를 제공하였다. 그 목적은 독자들에게 이러한 방법들이 실제 문제에 어떻게 적용되고 있는지 보여주기 위해서이다. 빅데이터의 가용성이 증가함에 따라 통계 방법도 점점 더 정교하고 기술적으로 변해가고 있다. 그러나 원칙은 같다. 모집단을 공정하게 표현하는 표본은 건전한 연구설계와 통계적 사고로 조사되어야 한다. 그리고 결과는 기술통계 및 추측통계 범위에서 사용 가능한 모든 정보를 결합하여 신중하게 해석되어야 한다. 더불어 불확실성의 정도와 가능한 오류의 결과를 고려하여 최종 결정을 내려야 한다. 그러나 통계적 방법들은 여러 측면에서 오용되거나 남용되거나 잘못 해석되고 있다. 이 내용은 다음 장에서 다루도록 한다.

제5장

통계의
잘못된 해석

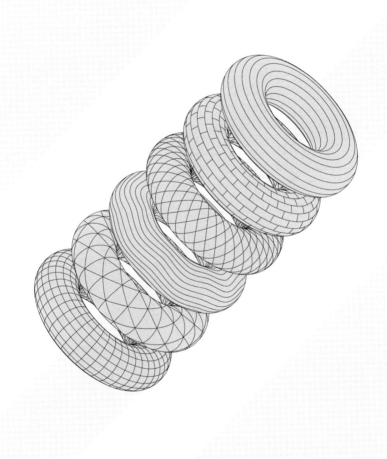

일부 사람들은 통계가 상당히 잘못 해석되거나 남용되고 있다는데, 여러분은 어떻게 생각하는가? 통계의 이런 모습은 과학 연구, 언론 보도, 사업 및 정부 정책 결정에 만연해 있으며, 우리의 삶, 정의_justice_, 직업에 영향을 미친다(Ziliak and McCloskey, 2008). 특히 빅데이터를 사용할 때 개선되기보다 악화될 수 있다 (Harford, 2014)는 우려의 목소리도 크다. 연구보조금 신청이나 성공적인 홍보를 위해 논문을 발표해야 하는 학자들, 눈길을 끄는 기사가 필요한 언론인들, 승소를 희망하는 변호사들 그리고 다음 선거에서 승리해야 하는 정치인들에 의해 의도적으로 일어나고 있다고 한다.

세계 최대 통계학자 커뮤니티인 미국통계협회가 최근 이 문제에 대해 두 차례 연속해서 성명서를 발표할 정도로 그 심각성이 크다(Wasserstein and Lazer, 2016; Wasseratin et al., 2019). 이 성명서는 광범위하게 만연해 있는 통계의 잘못된 해석이 야기하는 왜곡과 피해에 대해 깊은 우려를 제기하면서 "좋은 통계적 실천"을 위한 원칙을 설명했다. 그러나 일반인은 말할 것도 없고, 통계 실무자들도 이 문제의 본질과 범위, 그리고 따라야 할 좋은 실천을 이해하지 못하고 있다. 특히 통계 교재나 강의는 이 문제에 대해 전혀 언급하지 않는 것 같다.

이번 장은 교재나 강의에서 알려주지 않는 통계의 잘못된 해석 문제에 집중하려 한다. 그 결과, 건전한 통계적 사고를 제공하고 좋은 통계적 실천을 수행하는 데 도움이 될 수 있는 방법을 이야기해 보고자 한다.

1. 통계적 유의성에 대한 착각

2장에서 논의한 바와 같이 통계적인 의사결정은 통계적 추론(또는 추측통계)에 기초하여 이루어지며, 귀무가설(H_0)과 대립가설(H_1)을 비교하여 검정한다. H_0은 모집단의 모수 값으로 세우는데, 예를 들어, 두 변수 사이의 선형 정도를 검정할 때는 모상관계수(ρ)에 대하여 '$\rho = 0$'으로 세운다. 상관계수는 −1과 1 사이의 값으로, 그 값이 1(−1)에 가까우면 강한 양(음)의 상관관계임을 의미하며, 그 값이 0이면 선형성이 없음을 뜻한다. H_0을 기각할지 여부는 표본상관계수의 값이 H_0 아래의 모상관계수의 값과 얼마나 다른지를 측정하는 검정통계량의 관측값을 기반으로 결정된다. H_0의 기각여부에 대한 자세한 내용은 2장을 참고하면 된다.

모상관계수 ρ에 대한 다음 가설을 검정하는 통계적 추론을 생각해보자.

H_0: $\rho = 0$

H_1: $\rho \neq 0$

이 경우 검정통계량 T은 3장에서 논의한 것처럼 신호 대 잡음 비*Signal-to-noise Ratio*로 다음과 같다.

$$T = \frac{r\sqrt{n-2}}{\sqrt{1-r^2}} \quad (1)$$

여기서 r은 표본상관계수이다. 검정통계량 T은 귀무가설 (H_0: ρ=0) 하에서 자유도가 n−2인 t분포를 따르는 것($T \sim t(n\text{-}2)$)으로 알려져 있다. 그리고 r값이 0보다 너무 크거나 너무 작으면 H_0을 기각하고, 0에 가까우면 H_0을 기각하지 않는다. 이때, "H_0을 기각하기 위해 r값이 얼마나 커야 하나, 또는 얼마나 작아야 하나?"를 질문할 수 있다. 임계값은 제1종 오류를 범할 확률 (참인 H_0를 기각할 확률)을 나타내는 유의수준 α에 의해 결정된다. 유의수준으로 α=0.05를 선택하면 제1종 오류가 20회[65]에 한 번 발생할 수 있음을 의미한다.

검정 결과로 H_0: ρ=0이 기각되면, 표본상관계수가 통계적으로 0과 다르거나 유의수준 5%에서 통계적으로 유의하다고 한다. p-값은 검정통계량의 관측값 T가 H_0: ρ=0 하의 자유도가 n−2인 t분포와 얼마나 모순되는지 보여준다. 검정통계량의 관측값이 너무 크거나 너무 작다면 p-값도 작기 때문에 표본이 H_0: ρ=0와 매우 다르다고 본다. 임계값에 기초하여 H_0을 기각하는 규칙과 동일하게, p-값이 0.05보다 작으면 유의수준 5%에서 H_0을 기각한다.

네 명의 연구자는 각각 표본크기 10, 100, 500 및 1000을 사용하여 두 변수 X_1과 y 사이의 상관계수를 탐색한다고 가정해 보자. 단, 연구자들은 모상관계수가 0.2임을 알지 못한다. 다음의 표는 표본상관계수의 값과 통계적 유의성을 나타낸 것이다. 표본상관계수에 대한 세 개의 별표[66]를 통해 연구자 2, 3, 4는 두 변수 X_1과 y 사이에 강한 선형관계가 있다고 결론을 내릴 것이다. 이러한 느낌 또는 착각은 검정통계량의 관측값이 크거나 (2.97, 4.93, 5.54) p-값이 상당히 작은 경우(0.00)에 더욱 강화될 수 있다. 〈그림 14〉에서 각 연구에 대한 변수 X_1과 y에 대한 산점도를 확인할 수 있는데, 4가지 모두 선형 연관성의 정도는 시각적으로 확인이 불가능하고, 모상관계수 0.2처럼 상관계수가 0에 가까워 보인다. 핵심 질문은 두 변수 사이의 상관관계가 별표 3개로 정당화될 만큼 강하다고 할 수 있는지이다. 산점도만 본다면 동의할 수 없을 듯하다.

표본상관계수 및 검정통계량의 관측값 표

연구	1	2	3	4
표본의 수	10	100	500	1000
표본상관계수	-0.08	0.29***	0.22***	0.17***
검정통계량의 관측값	-0.22	2.97	4.93	5.54
p-값	0.83	0.00	0.00	0.00

***: p<0.001

귀무가설이 H_0: ρ=0인 검정에 대해, r의 값이 0과 충분히

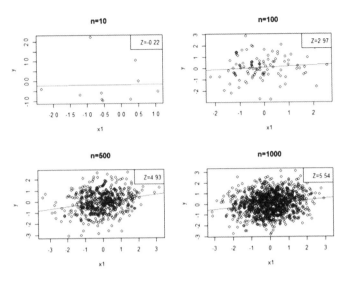

〈그림 14〉 산점도와 검정통계량의 관측값 (ρ=0.2)

다룰 때 H_0을 기각하도록 검정 과정이 설계되었기 때문에 앞의 상황이 얻어진 것이다. 특히 표본크기 n이 커지면 검정통계량 의 관측값이 급격히 커져 r의 값이 0과 유사해도 귀무가설을 쉽게 기각한다. 검정통계량 $T = \dfrac{r\sqrt{n-2}}{\sqrt{1-r^2}}$ 는 표본크기 n에 대한 증가함수이므로 이 공식에 큰 n 값을 대입하여 검사하면 검정통계량의 관측값이 커지는 게 명백하다. 표본상관계수가 모상관계수 0.2 근처이면 어떻게 이해해야 할지도 질문해봐야 한다. 검정통계량의 관측값(절댓값)이 크고 p-값이 작으면, 0 근처의 값만큼 작은 상관계수의 값도 통계적으로 중요하고 두 변수가 '강력하게' 상관되어 있다고 믿게 된다.

소이야르Soyer와 호가스Hogarth가 2012년 전문 경제학자를 대상으로 실시한 조사에서, 저널에 일반적으로 보고되는 회귀 통계량만을 고려한 집단은 부적절한 추론을 내린 반면, 그래프를 제시한 집단은 변수 사이의 선형관계를 짧은 시간 내에 정확하게 예측했다고 보고한다. 이 결과는 최고 수준의 전문가들도 통계적 유의성에 대해 동일한 착각에 빠질 수 있음을 시사한다. 즉, 건전한 통계 분석에는 추측통계 외에도 그래프와 같은 기술통계 그리고 효과크기에 대한 연구가 포함되어야 한다.

이러한 착각으로 인한 또 다른 우려 사항은 연구자들이 검정통계량의 관측값을 키우기 위해 또는 p-값을 줄여 통계적으로 유의한 결과를 얻기 위해 무조건 표본의 크기를 늘려야 한다고 강하게 동기화되어 있다는 것이다. 최근에는 빅데이터의 저장 및 전송을 매우 빠르고 저렴하게 만드는 다양한 신기술을 통해 대량의 표본크기(10,000개 이상)를 사용하는 것이 일반화되고 있다 (Kim and Ji, 2014). 그렇다면 빅데이터로부터 얻은 결과가 통계적으로 유의하다고 할 수 있는지 도전적으로 질문해봐야 한다.

◇ 거대한 표본에 대한 착각

4장의 예를 다시 살펴보자. 셀바나탄 외 연구진들(Selvana-than, 2017)은 정기적으로 아스피린을 복용하는 것이 심장마비 발생률을 감소시키는 효과를 조사하는 3년간의 의학 연구의 예를 제공했다. 이 연구는 22,000명의 남성을 대상으로 하고 있으며, 11,000명의 한 집단은 아스피린을 복용했고 나머지 절반은 위약을 복용했다. 첫 번째 집단에서 104명(0.9%)의 남성이 심장마비에 걸렸고 두 번째 집단에서 189명(1.7%)의 남성이 심장마비에 걸렸다. 비율의 차이는 0.00773이고 검정통계량의 관측값이 4.99, p-값이 0으로, 통계적으로 유의하거나 또는 두 집단의 차이가 0이 아니라는 결론을 얻었다. 이를 근거로 연구는 "아스피린이 남성의 심장마비 발병률을 감소시킨다는 것을 추론할 수 있는 압도적인 증거"를 찾아내고, "만약 100만 명의 남성이 아스피린을 복용하기 시작하면 7730명 정도가 심장마비를 피할 수 있을 것"이라는 결론을 내렸다.

이 경우, 22,000개라는 큰 표본크기를 사용했기 때문에, 연구자가 연구의 결과에 따른 효과에 대해 '압도적인 증거를 찾아냈다'고 잘못된 인상을 받은 것이며 검정통계량의 관측값도 심하게 부풀려진 것이다. 만약 100명의 남자들이 아스피린을 복용했다면, 심장마비로부터 1명 미만의 남자밖에 구할 수 있다. 이것이 아스피린 복용의 건강상 이점에 대한 압도적인 증거라고 주장하기는 어렵다. 아스피린을 먹는 것보다 심장병을 줄일 수 있는 더 효과적이고 안전한 대안이 있을 수 있다. 여기서 통계적 유의성은 0.00773의 비율 차이가 통계적으로 0과 다르다는 사실만을 의미할 뿐, 반드시 그 효과가 실질적으로 중요하다는 것을 의미하는 것은 아니다.

통계적 사고의 힘

2. 빅데이터의 자만: 중심극한정리가 잘못된 해석일까?

　우리가 통계학에서 배우는 첫 번째 중요한 주제 중 하나가 중심극한정리이다. 중심극한정리를 쉽게 설명하면, 더 큰 표본이 더 정확한 통계적 결과를 제공한다는 것이다. 예를 들어, 모상관계수는 표본크기가 10일 때보다 1000일 때 더 정확하게 추정될 수 있다. 또한 중심극한정리는 H_0의 기각 여부를 결정하는 통계적 추론에도 적용된다. 그런데 표본의 수가 커야 하고, 더 큰 표본이 작은 표본보다 항상 통계적으로 유의한 결과를 얻는다는 것이 중심극한정리에 대해 널리 알려진 오해이다.

　중심극한정리는 표본크기가 무한인 알려진 분포를 사용하여 표본크기가 작은 알 수 없는 분포를 근사화하는 것이 핵심이다. 즉, 항상 더 큰 표본을 선택해야 하는 것은 아니라는 메시지가 내포되어 있다. 이 의견은 **빅데이터의 자만**[67]이라고 하는 빅데이터에 대한 과대 광고와 관련이 있다. 빅데이터의 자만이란 "빅데이터가 전통적인 자료 수집 및 분석을 위한 부수적인 방법이 아니라 완전한 대체물이라는 암묵적인 가정"을 뜻한다. 이러한 오해는 학계에도 매우 깊고 널리 퍼져 있어서 많은 학술지 편집자들도 작은 표본크기에 근거한 논문을 단순히 거부하는 경우가 많다.

　중심극한정리는 몇 가지 엄격한 가정에 따라 유효하다. 그 중 가장 기본적인 가정으로 동일한 평균과 분산의 모집단으로부터 임의적이고 독립적인 표본추출이 가능해야 한다. 그런데 빅데이터의 자료 수집 과정이 이러한 이론적 가정을 만족시킬 가능성은 낮다. 인터넷, 소셜 미디어 또는 공개 보고서와 같은 다양한 이질적인 출처에서 수집된 "발견된 데이터"는 엄격한 이론적 조건을 만족할 수 없다고 본다. 더 중요한 것은 표본크기가 증가함에 따라 무작위성이라는 가정은 손상될 수 있다는 것이다. 무작위성 가정에서는 표본이 모집단의 작은 부분 집합이어야 하는데, 빅데이터에서는 표본이 모집단의 부분 집합이라는 의견과 충돌한다.

3. 표본추출의 편향

기존의 통계 방법은 자료가 잘 정의된 모집단에서 수집된다는 가정하에 적용되며, 표본추출은 표본이 모집단을 공정하게 대표하도록 설계된다고 본다. 만약 이러한 가정이 지켜지지 않으면 현대의 최첨단 통계 방법과 관련된 매력적인 성질들도 바르게 적용되지 못할 것이다. 신중한 표본추출 설계를 사용하여 자료를 수집하지 않으면 분포가 편향될 수 있으며, 이러한 편향은 표본크기가 증가해도 사라지지 않는다. 차라리 표본크기가 크면 편향이 극적으로 확대될 수 있다고 카플란 외(Kaplan et al., 2014)는 언급했다.

그 대표적인 예가 1936년 미국 대통령 선거를 계기로 전개된 여론조사 대실패이다. 《리터러리 다이제스트Literary Digest》라는 잡지의 여론조사는 공화당 앨프레드 랜던 후보가 57%, 민주당 프랭클린 루스벨트 후보가 43%로 랜던의 당선 가능성을 예측했다. 반면, 갤럽 여론조사는 랜던이 44%, 루스벨트가 56%의 지지율로 루스벨트가 당선할 것이라고 예측했다. 결과는 갤럽의 예측대로 공화당의 알프레드 랜던은 38%를 득표한 반면, 루스벨트는 62%라는 압도적인 지지를 받으며 대통령에 당선되었다.

《리터러리 다이제스트》는 1,000만 명에게 우편으로 설문지를 보내 현재 기준으로도 빅데이터인 약 240만명에게서 응답을 받은 반면, 갤럽은 약 1,500명을 대상으로 면접조사를 실시했다. 그렇다면 왜 《리터러리 다이제스트》는 실패했을까? 그들의 표본이 편향되어 있었기 때문이다. 즉, 표본의 수가 아니라 표본의 질 때문이었다. 《리터러리 다이제스트》는 조사를 위한 표본을 특권층의 항목이었던 잡지의 정기 구독자, 전화번호부, 자동차 등록 명부, 사교클럽 인명부에서 임의로 뽑아 1,000만 표 이상의 우편 투표를 발송했다. 당시 잡지를 구독하는 대부분의 사람은 중산층 이상이었다. 여기에 무응답 편향이 더해져 전체 투표의 25% 미만이 회수되었다. 거대한 표본크기는 편향을 더욱 확대시켰고, 결국 정확한 예측에 도움이 되지 않았다.

반면 갤럽은 할당 표본추출을 바탕으로 순수하게 '임의 표본추출'을 이용해 미국 유권자들을 잘 대표하는 부분 집합을 수집했다. 이 예는 임의 표본추출이 얼마나 중요한지, 그리고 거대한 표본크기로도 표본추출 편향을 확대할 수 있음을 보여준다.

4. 체리피킹

발표된 통계적 결과 중 상당수는 체리피킹[68] 과정, 즉 감당하기 어렵거나 중요하다고 여기지 않는 부분은 버리고 자신이 정확하게 원하는 부분만 취하는 과정을 거쳤을 것이다. 간혹 통계적 결과가 너무도 놀라워 언론인, 정치인, 심지어 학술지 편집자들의 관심을 사로잡는 전혀 예상치 못하는 경우도 있다.

〈그림 15〉는 젤리빈 연구의 잘 알려진 예이다. 과학자들은 젤리빈의 섭취가 여드름을 유발한다고 가정한다. 통계적으로 유의한 결과를 찾을 때까지 계속해서 다른 자료 집합을 사용하여 검정을 시도한다. 유의한 결과가 나오면 검정을 멈추고 학술지에 출판하기 위해 제출할 논문을 쓴다. 기자들은 이 놀라운 결과를 기다리고 있는 중이다. 마치 농담 같겠지만, 과학 연구의 현실과 크게 다르지 않다. 예를 들어, 이 사회는 건강상 이점에 대한 뉴스와 그에 상반된 연구 결과로 넘쳐난다. 커피를 예로 들면, 정기적으로 커피를 마시는 것이 특정한 암의 가능성을 증가시킬 수 있다거나 다른 암의 가능성을 감소시킬 수 있다거나 심지어 특정한 건강상의 이익을 가져올 수 있다는 연구 결과들이 있다.

서로 다른 표본으로 유의성 검정을 계속 반복하면 조만간 통계적으로 유의한 결과가 나올 것이다. 젤리빈 연구의 예를 보

〈그림 15〉 젤리빈 연구의 예: 유의수준 0.05에 대한 풍자

통계적 사고의 힘

면, 유의수준 5%에서 검정이 수행되므로 제1종 오류를 범할 확률은 0.05로 설정된다. 효과가 없는 실제 귀무가설이 기각될 확률은 20분의 1인 것이다. 만약 연구자들이 서로 다른 자료 집합을 사용하여 동일한 실험을 20회 반복하는 경우, 적어도 하나의 거짓 양성 결과(제1종 오류)를 발견할 가능성이 높다.

자료를 분석할 때 발생할 수 있는 이러한 문제점을 학계에서는 **데이터 스누핑**, 데이터 마이닝 또는 **p-해킹**[69]이라고 공식적으로 부른다. 연구자들은 종종 자신도 모르게 이 과정에 빠지지만, 때로는 의도적으로 시행하기도 한다. 이 문제가 매우 심각해지면서 미국 금융 협회의 회장단 연설에 p-해킹 문제를 구체적으로 명시했다(Harvey, 2017)[70]. 하비 교수는 금융 경제학에 p-값에 대한 의존도가 높아지면서 p-해킹이 발생하고 있다고 지적하였다. p-해킹의 결과, 잘못된 양식화된 사실의 축적(Wasserstein and Lazar, 2016), 당혹스러운 수의 제2종의 오류(Harvey, 2017), 재현성 위기(Peng, 2015)가 발생한다. **재현성 위기**란 과학적 연구가 재현하기 어렵거나 불가능하다는 것이 밝혀진 방법론적 위기로 사회과학 및 의학에 가장 심각한 영향을 미치고 있다. 심리학의 경우, 수행되어 발표된 연구 중 약 40%만이 재현 가능하다는 결론을 내린다(Open Science Collaboration, 2015).

이 재현성 위기에 대한 해결책은 "완전한 보고와 투명성"을 요구하는 건전한 통계 추론을 수행하는 것이다(Wasserstein & Lazar, 2016). 연구자들은 결론에 도달하기 전에 검정된 자료 집합의 수와 가설을 포함하여 연구의 전체 세부 사항을 밝혀야 한다.

5. 상관관계이지 인과관계가 아니다

상관관계는 인과관계를 의미하지 않는다. 그러나 상관관계를 인과관계로 잘못 해석할 때가 자주 있다. 대표적인 예가 2008년 빅데이터 분석의 선구자로 출범한 구글 독감 트렌드[71]였다. 구글의 검색 쿼리[72] 집계를 기반으로 독감 발생 수를 예측하는 통계 모델이 구축되었는데, 예를 들어, 한 도시 또는 지역에 대해 '열' 및 '약국'과 같은 단어가 포함된 검색 쿼리가 더 많이 발생하는 경우에 모델은 더 많은 수의 독감 발생을 예측한다. 그것은 유망한 예측 결과로 시작되었지만, 2013년까지 독감 발병에 대해 과도하게 추정된 예측이 있었고 마침내 2015년에 폐쇄되었다. 하포드(2014)는 구글 독감 트렌드의 실패를 설명하면서 구글 엔지니어들이 인과관계가 아닌 상관관계와 패턴을 쫓고 있었을 뿐이라며 "단순한 상관관계에 대한 이론 없는 분석은 필연적으로 취약하다[73]"고 주장했다.

통계적으로 유의한 상관관계가 순전히 우연의 결과로도 발생할 수 있을까? 미국에서 익사한 사람의 수와 니콜라스 케이지가 출연한 영화의 수를 보여주는 것 사이에 유의한 상관관계가 있다[74]. 〈그림 16〉에 보고된 바와 같이, 익사자 수와 니콜라스

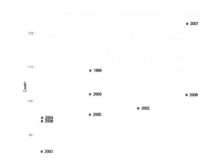

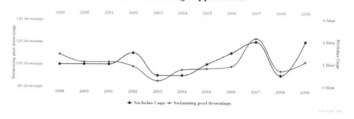

Number of people who drowned by falling into a pool
correlates with
Films Nicolas Cage appeared in

〈그림 16〉 미국의 익사자 수와 니콜라스 케이지가 출연한 영화의 수

케이지가 출연한 영화의 수 사이에 명확한 양의 상관관계가 확인되었다. 그리고 표본상관계수가 0.67, 검정통계량의 관측값이 2.67로 통계적으로도 유의한 상관관계가 수치적으로 확인되었다. 이 결과는 명백한 우연이지만, 니콜라스 케이지가 출연한 영화의 수를 익사자의 수에 연루시킨 결정은 제1종 오류가 되어야 한다. 귀무가설 H_0: $\rho=0$은 실제적으로 중요하지도 않은데 기각되어서는 안 된다. 비슷한 예로 미국의 익사자 수와 판매된 아이스크림의 수[75]가 있다. 〈그림 16〉과 같이 명확한 양의 상관관계가 있지만, 이는 여름의 더운 날씨가 제3의 요인으로 작용한 결

과이다. 그러한 제3의 요인을 인식하지 못하면 독립적인 두 사건 사이에 강력한 연관성이 존재한다는 결론을 내리게 된다.

위의 사례들에서 상관관계가 확인되지만, 이를 인과관계라고 주장하면 더욱 난해하고 논란이 생길 수 있다. 투자자들의 분위기, 예를 들어, 계절성(Bouman and Jacobsen, 2002), 윈터 블루스(Kamstra et al., 2003), 날씨(Hirshleifer and Shumway, 2003), 스포츠 정서(Edmans et al., 2007) 등이 주식 수익률에 부정적으로 영향을 미친다는 연구들이다. 하비 등(Harvey et al., 2016)은 지난 10여 년 동안 금융 문헌에 발표된 수백 개의 유사한 요인을 확인하면서 이 요인들이 주식 시장 수익의 설명력에 영향을 미쳤다고 언급했다. 그러나 이러한 연구의 공통적인 특징 중 하나는 대규모 또는 방대한 표본크기를 사용했다는 점이다(Kim, 2019). 중요한 것은 일반 투자자나 전문 투자자가 투자를 결정할 때, 인과관계로 확인된 요인들을 진지하게 받아들이느냐 하는 것이다.

워렌 버핏이 1984년 인터뷰에서 말했듯이, 경영자는 주식을 사업의 일부로 산다고 여기기보다 사업을 산다고 생각해야 하는데 그러지 못하다는 것이다. 또한 그는 망치를 든 사람에겐 모든 것이 못으로 보인다[76]고 덧붙였다. 이처럼 주식 수익률과 요인 사이에 통계적으로 유의한 상관관계가 있는지 측정하는 무의미한 연구를 위해 통계적 방법을 무분별하게 사용하는 연구자들을 언급했다.

6. 통계적 유의성에 대한 반성

미국통계협회*American Statistical Association* 2016 성명서[77]에 다음이 언급되어 있다.

> 과학적 발견(또는 암시적 진실)을 주장하기 위한 면허로 '통계적 유의성'(일반적으로 $p \leq 0.05$임을 확인)이 널리 사용되는 것은 과학적 과정의 상당한 왜곡을 초래한다.[78]

연구자들은 자신의 연구결과에 대한 통계적 유의성을 제시하지 못하면, 어떤 결과도 주장하는 게 불가능하다는 것을 안다. 왜냐하면 통계적 유의성 없이는 논문이 출판되도록 학회 편집자들과 심사위원들을 설득하는 게 어렵기 때문이다. 통계적 유의성이 확인되지 않은 결과물은 (그 연구 결과가 새롭고 대단한 것일지라도) 빛을 볼 가능성은 아주 낮다. 이로 인해 통계적으로 유의한 결과가 나온 연구만 학술지에 게재되는 **출판편향** 또는 **서랍문제**[79]가 심각하게 대두되고 있다. 많은 메타분석 연구는 출판편향의 증거를 보고한다. 유명한 4개의 재무 저널에 발표된 논문을 조사한 결과, 98%가 유의한 통계 결과를 담고 있는 것으로 확인되었다(Kim and Ji, 2014). 더 심각한 것은 잠재적으로 중요한 연구 결과가 단순히 통계적 유의성을 달성하지 못했기 때문에 게재되지도 못한 서랍문제가 된다는 것이다.

통계적 유의성은 위에서 살펴본 바와 같이 표본크기에 따라 크게 달라진다. 그리고 통계적 유의성에 영향을 미치는 다른 요인으로 관련된 변동성의 정도, 측정 오류 및 효과크기가 포함된다. 따라서 통계적 유의성뿐 아니라 통계적 비유의성을 검정통계량의 관측값 또는 p-값의 크기로 판단하기보다 이용 가능한 모든 정보를 결합하여 평가해야 한다. 즉, 가설의 타당성, 연구설계의 건전성, 효과크기 등을 고려해야 한다. 통계적으로 유의하지 않은 결과가 통계적으로 유의한 연구보다 더 유익하고 교육적일 수 있다. 아바디*Abadie*(2020)[80]는 통계적으로 유의하지 않은 연구도 통계적으로 유의한 연구와 동일한 방식으로 보고하고 논의해야 한다고 주장한다.

7. 잘못된 시각화

자료의 시각화는 기술통계에서 중요하고도 강력한 도구이다. 잘 설계된 그림은 시각적인 인상을 강하게 주고 숫자로 가득 찬 표보다 자료에 대해 훨씬 더 많은 것을 알려준다. 그러나 그림을 그릴 때, 축을 조작하여 읽는 이들에게 혼란을 주기도 한다. 〈그림 17〉의 **시도표**_Time Plot_는 지구 평균 온도를 화씨로 나타

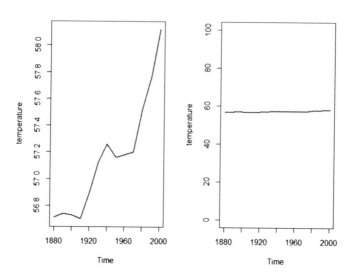

〈그림 17〉 지구 평균온도

〈그림 18〉 잘못된 시각화의 예시

낸 것이다. Y축의 축척이 다르다는 점을 제외하면 둘은 동일한 그래프이다. 첫 번째 그림은 Y축의 값을 최소 온도에서 최대 온도로 범위를 잡은 것이고, 두 번째 그림은 0에서 100 사이로 잡았다. Y축의 축척 변화 효과는 〈그림 17〉과 같이 극적이다. 기후변화를 믿는 사람이라면 보고 싶은 그래프가 왼쪽에 있겠지만 기후변화 반대론자라면 오른쪽의 그래프가 눈에 들어온다. 〈그림 18〉은 부시 대통령이 시행한 감세가 2010년에 만료될 경우 미국의 최고 한계세율이 어떻게 되는지에 대한 것인데, 4.6(39.4-35)%의 차이가 믿을 수 없을 정도로 크게 보인다.

그래프의 왜곡에 속지 말자!

1. 왼쪽 그래프는 0~350의 척도로 그래프를 그려 값의 변화가 구분되지 않는 반면, 오른쪽 그래프는 300~360의 척도로 그래프를 그려 값의 변화가 확연히 구분된다.

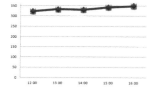 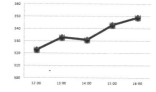

2. 우리나라 자살 사망률에 대한 그래프

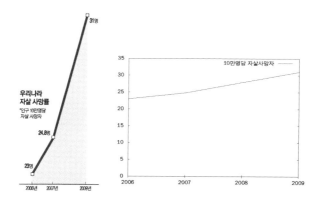

왼쪽 그래프는 2007년 이후 2009년까지 인구 10만 명당 자살 사망자 수가 급격히 증가한 것으로 보인다. 그러나 왼쪽의 그래프를 오른쪽과 같이 수정하면 인구 10만 명당 자살 사망자 수가 증가세인 건 맞지만 그 증가세는 훨씬 작아 보인다. 자살 사망자 수에 대한 경각심을 주고자 한다면 왼쪽처럼 그래프를 그려 소개하면 된다.

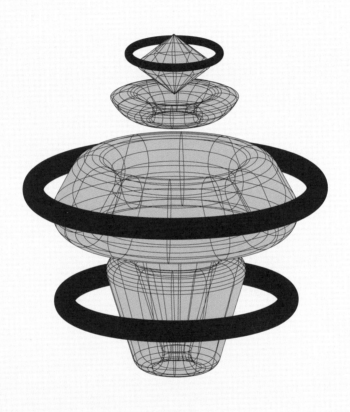

나가는 말

지금까지 통계적 사고를 중심으로 통계적 방법과 개념, 그리고 실세계 문제에의 적용 등을 검토하였다. 통계적 의사결정의 패러다임은 무효의식이라는 딱지가 붙어 건전한 통계적 사고가 불가능한 상황이다. 오히려, 무효의식이 무분별하게 쓰이거나 의사결정에 기계적으로 적용되고 있다. 이 무효의식에 대하여 우리가 비판해야 하는 것들을 정리하면 다음과 같다.

- 통계적 불확실성(제1종 오류와 제2종 오류를 범할 확률)을 전혀 평가하지 않는 것
- 제1종 오류와 제2종 오류의 결과를 전혀 고려하지 않는 것
- 유의수준을 임의적으로 선택하는 것
- 검정통계량 또는 p-값만을 사용하여 의사결정을 내리며, 자료의 효과크기 또는 신호를 전혀 평가하지 않는 것

현 시점에서 통계학을 널리 가르치고 직접 활용하고는 있지만, 그에 반해 건전한 통계적 사고가 무엇인지에 대해서는 완전히 이해되지 않고 있다. 오히려 통계적 의사결정에 기계적이

고 판단력 없는 방법으로 무효의식을 하나의 규칙으로 사용하고 있다. 많은 통계 결과가 잘못 해석되고 있으며, 그에 따라 비용도 늘어날 수 있는 잘못된 의사결정으로 이어지고 있다. 과학의 여러 분야에서 잘못된 형식적 접근법과 재현성 위기Replication Crises가 쌓여 가고 있으며, 과학 연구의 청렴과 신뢰성에 의문이 제기되고 있다. 앞서도 언급했듯이 미국통계협회ASA의 최근 성명서는 이 위기를 해결하기 위한 긴급 조치를 요구했으며, 이 책도 이러한 호소를 염두에 두고 집필된 것이다.

이러한 문제와 위기의 근본은 통계 연구자들에게 깊은 습관으로 자리잡힌 무효의식에 있다고 할 수 있다. 앞서 논의한 바와 같이, 무효의식은 현대 통계학의 선구자들이 우리에게 가르쳐 준 것이 아니라, 현대에 와서 통계적 의사결정의 주요 방법에 추가된 것이다. 미래 세대의 통계 연구자들이 무효의식을 배우고 동시대의 연구자들이 계속해서 활용하는 한, 건전한 통계적 사고를 향한 과감한 변화나 개선은 있을 것 같지 않다. 지금은 교재 집필자, 대학교수, 사설 편집자들이 다양한 행동을 취해야 할 때이다. 특히 미래의 기업 및 정부의 의사결정자들과 학술 연구자들에게 통계 연구의 새로운 패러다임을 교육해야 한다.

여기서 새로운 패러다임이란 무효의식을 부정하고 개척자들의 가르침, 특히 네이만과 피어슨이 제안한 의사결정 이론적 접근법을 다시 수용하는 것이다. 현재의 통계 연구 패러다임은 현대의 빅데이터와 같은 규모를 전혀 상상할 수 없었던 100년 전에 구상되고 개발된 소표본 방법에 기초하고 있다. 따라서 새로운 패러다임은 빅데이터 시대에 적합한 새로운 통계적 의사결정 방법으로 발전해야 한다. 새로운 패러다임은 또한 신뢰할 수 있는 대안을 제시해야 하므로 통계 연구자들은 단일 망치 접근법을 채택하기보다 통계적 사고를 촉진하는 쪽으로 관심을 가져야 한다. 빅데이터 시대에 통계적 사고를 다루는 지도자들은 이 새로운 패러다임의 확립을 우선시해야 할 것이다.

저자소개

◇ **앨버트 러더퍼드**_Albert Rutherford_

　우리는 종종 자신의 삶에서 일어난 문제의 원인이 무엇인지 찾아야 하는 사각지대에 놓일 때가 있다. 자신에게 생긴 이러한 문제를 해결하기 위해 가정을 하거나, 그릇된 분석 및 잘못된 추론을 근거로 해결하려고 노력한다. 그 결과, 개인적으로나 관계적으로 오해, 불안 그리고 좌절 등을 겪는다.

　중요한 건, 섣불리 결론을 내리면 안된다는 것이다. 더 나은 결정을 내리기 위해 정보를 정확하고 일관되게 다루어야 한다. 체계적인 접근과 비판적 사고 기술을 갖추어야 한다. 그래야 자료를 수집하고 평가하는 데 능숙해질 뿐만 아니라 모든 상황에서 효과적인 답을 만들 수 있게 된다.

　앨버트 러더퍼드는 가장 최고의 해답을 찾기 위해 그리고 최적의 의사결정을 내리기 위해 근거 기반 접근에 따른 연구를 진행하고 있다. 그는 자신에게 "더 정확한 답을 찾고 더 깊은 통찰력을 끌어내기 위해 더 나은 질문을 하라"고 끊임없이 주문을 건다.

　그런 와중에 여가시간이 생기면, 자신이 오랫동안 꿈꿔왔

던 작가가 되기 위해 글을 쓰느라 바쁜 나날을 보낸다. 또, 가족들과 함께 시간을 보내는 것을 좋아하고, 최신 과학 보고서를 읽고, 낚시를 하고, 와인에 대해 아는 척하는 것을 좋아한다. 러더퍼드는 벤자민 프랭클린이 한 말 "지식에 대한 투자는 항상 최고의 이익을 준다"를 굳게 믿는다.

◇ 김재훈 박사

김재훈 박사는 계량경제학, 통계학, 데이터 분석 분야의 프리랜서 작가이다. 1997년에 계량경제학 박사 학위를 받은 이후, 2022년까지 호주의 주요 대학에서 교수로 재직했다. 그는 경제학, 실증금융, 경제학, 응용 통계학 분야에서 70개 이상의 학술 논문과 책을 출판했다.

김 박사의 연구는 금융 시장 효율성, 시계열 예측 및 통계 추론 테스트에 큰 기여를 했다. 또한 5개의 R 패키지(vrtest, OptSig, BootPR, VAR.etp 및 GRS.test)를 작성한 전문 R 프로그래머이다.

참고문헌

Abadie, A. (2020). Statistical nonsignificance in empirical economics. *American Economic Review: Insights*, *2*(2), 193–208.

Annual Average Temperature History for Earth - Current Results. (n.d.). Retrieved October 13, 2022, from https://www.currentresults.com/Environment-Facts/changes-in-earth-temperature.php

Biau, David Jean, Brigitte M. Jolles, and Raphaël Porcher. "P value and the theory of hypothesis testing: an explanation for new researchers." *Clinical Orthopaedics and Related Research* 468.3 (2010): 885-892.

Bouman, S., & Jacobsen, B. (2002). The Halloween indicator," Sell in May and go away": Another puzzle. *American Economic Review*, *92*(5), 1618-1635.

Calling Bullshit: Data Reasoning in a Digital World. (n.d.). Retrieved October 13, 2022, from https://www.callingbullshit.org/index.html 166

Edmans, A., Garcia, D., & Norli, Ø. (2007). Sports sentiment and stock returns. *The Journal of finance*, *62*(4), 1967-1998.

Gigerenzer, G. (2004). Mindless statistics. *The Journal of Socio-Economics*, *33*(5), 587-606.

Harford, T. (2014). Big data: A big mistake? *Significance*, *11*(5), 14-19.

Harvey, C. R., Liu, Y., & Zhu, H. (2016). ⋯ and the cross-section of expected returns. *The Review of Financial Studies*, *29*(1), 5-68.

Harvey, C. R. (2017). Presidential address: The scientific outlook in financial economics. *The Journal of Finance*, *72*(4), 1399-1440.

Hayward, S. (2015, October 21). *The Only Global Warming Chart You Need from Now On*. Power Line. Retrieved October 13, 2022, from https://www.powerlineblog.com/archives/2015/10/the-only-global-warming-chart-you-need-from-now-on.php

Hirshleifer, D., & Shumway, T. (2003). Good day sunshine: Stock returns and the weather. *The journal of Finance, 58*(3), 1009-1032. 167

Kamstra, M. J., Kramer, L. A., & Levi, M. D. (2003). Winter blues: A SAD stock market cycle. *American Economic Review, 93*(1), 324-343.

Kaplan, R. M., Chambers, D. A., & Glasgow, R. E. (2014). Big data and large sample size: a cautionary note on the potential for bias. *Clinical and translational science, 7*(4), 342-346.

Kim, J. H., & Ji, P. I. (2015). Significance testing in empirical finance: A critical review and assessment. *Journal of Empirical Finance, 34,* 1-14.

Kim, J. H. (2019). Tackling false positives in business research: A statistical toolbox with applications. *Journal of Economic Surveys, 33*(3), 862-895.

Melvin, R. A. L. (2020, July 29). *More p-values, more problems – Perioperative Data Science.* Retrieved October 13, 2022, from https://sites.uab.edu/periop-datascience/2020/07/29/more-p-values-mode-problems/

Mendes, E. (2018, April 3). *Coffee and Cancer: What the Research Really Shows.* American Cancer Society. Retrieved October 13, 2022, from https://www.cancer.org/latest-news/coffee-and-cancer-what-the-research-really-shows.html 168

Notopoulos, K. (2014, October 3). *13 Graphs That Are Clearly Lying.* BuzzFeed News. Retrieved October 13, 2022, from https://www.buzzfeednews.com/article/katienotopoulos/graphs-that-lied-to-us

statistical mean, median, mode and range. (2020, December 22). SearchDataCenter. Retrieved October 13, 2022, from https://www.techtarget.com/searchdatacenter/definition/statistical-mean-median-mode-and-range

Open Science Collaboration. (2015). Estimating the reproducibility of psychological science. *Science, 349*(6251), aac4716.

Peng, R. (2015). The reproducibility crisis in science: A statistical counterattack. *Significance, 12*(3), 30-32.

Selvanathan, E. A., Selvanathan, S., and Keller, G. (2017), Business Statistics: Australia/New Zealand (7th ed.), South Melbourne, Victoria: Cengage Learning

Soyer, E., & Hogarth, R. M. (2012). The illusion of predictability: How regression statistics mislead experts. *International Journal of Forecasting, 28*(3), 695-711.

Study.com | Take Online Courses. Earn College Credit. Research Schools, Degrees & Careers. (n.d.). Retrieved 169

October 13, 2022, from https://study.com/learn/lesson/mean-median-mode-range-measures-central-tendency.html

Squire, P. (1988). Why the 1936 Literary Digest poll failed. *Public Opinion Quarterly, 52*(1), 125-133.

Thayqua. (2018, January 16). *Warren Buffett: How to Pick Stocks & Get Rich (1985)*. YouTube. Retrieved October 13, 2022, from https://www.youtube.com/watch?v=PEs5caq8QNs

The Basel Committee – overview. (2011, June 28). Retrieved October 13, 2022, from https://www.bis.org/bcbs/

Best, R. A. B. (2022, October 13). *President: general election Polls*. FiveThirtyEight. Retrieved October 13, 2022, from https://projects.fivethirtyeight.com/polls/president-general/

What Are Clinical Trials and Studies? (n.d.). National Institute on Aging. Retrieved October 13, 2022, from https://www.nia.nih.gov/health/what-are-clinical-trials-and-studies

What Is the GARCH Process? How It's Used in Different Forms. (2020, October 25). Investopedia. Retrieved 170

October 13, 2022, from https://www.investopedia.com/terms/g/generalalizedautogressiveconditionalheteroskedasticity.asp

Wasserstein, R. L., & Lazar, N. A. (2016). The ASA statement on p-values: context, process, and purpose. *The American Statistician, 70*(2), 129-133.

Wasserstein, R. L., Schirm, A. L., & Lazar, N. A. (2019). Moving to a world beyond "p< 0.05". *The American Statistician, 73*(sup1), 1-19.

Wikipedia contributors. (2022a, October 3). *Opinion poll*. Wikipedia. Retrieved October 13, 2022, from https://en.wikipedia.org/wiki/Opinion_poll

Wikipedia contributors. (2022b, October 13). *1936 United States presidential election*. Wikipedia. Retrieved October 13, 2022, from https://en.wikipedia.org/wiki/1936_United_States_presidential_election

Ziliak, S., & McCloskey, D. N. (2008). The cult of statistical significance: How the standard error costs us jobs, justice, and lives. University of Michigan Press. 171

i statistical mean, median, mode and range. (2020, December 22). SearchDataCenter. Retrieved October 13, 2022, from https://www.techtarget.com/searchdatacenter/definition/statistical-mean-median-mode-and-range

ii Study.com | Take Online Courses. Earn College Credit. Research Schools, Degrees & Careers. (n.d.). Retrieved October 13, 2022, from https://study.com/learn/lesson/mean-median-mode-range-measures-central-tendency.html

iii The P-value. N.A. *https://www.sjsu.edu/faculty/gerstman/EpiInfo/pvalue.htm*

iv Biau, David Jean, Brigitte M. Jolles, and Raphaël Porcher. "P value and the theory of hypothesis testing: an explanation for new researchers." Clinical Orthopaedics and Related Research 468.3 (2010): 885–892.

v Gigerenzer, G. (2004). Mindless statistics. *The Journal of Socio-Economics*, *33*(5), 587–606.

vi Ziliak, S., & McCloskey, D. N. (2008). The cult of statistical significance: How the standard error costs us jobs, justice, and lives. University of Michigan Press.

vii Richard W. Brislin (1980). "Cross-Cultural Research Methods: Strategies, Problems, Applications". In Irwin Altman; Amos Rapoport; Joachim F. Wohlwill (eds.). Environment and Culture. Springer. p. 73. ISBN 978-0-306-40367-5.

주석

1 무작위 표본추출이란 모집단을 구성하는 각 요인 또는 구성원에 대해 동등한 선택의 기회를 부여하는 추출법.

2 다양한 자료를 정리할 때, 자료의 분포 상태를 요약하거나 자료의 전체적인 특징을 대표할 수 있는 하나의 수로 나타낸 값을 대푯값*Representative value*이라 함. 일반적으로 평균, 중앙값, 최빈값 등이 많이 쓰임.

3 표본값의 퍼져 있는 정도를 산포도*Dispersion*라 하며, 대푯값으로부터 자료들이 어떻게 분포되어 있는지를 설명할 때는 분산과 표준편차, 범위, 사분위수 범위 등이 많이 쓰임.

4 보통 한국어로는 Average와 Mean 모두 평균이라는 단어로 사용.
   - Average: 산술평균*Arithmetic mean*을 의미. 주어진 표본값들을 모두 더하고 표본의 총 개수로 나눈 값. 일상에서 사용하는 '평균'이라는 단어
   - Mean: 주로 통계학에서 사용. 표본값의 Average를 설명하는 포괄적 의미의 평균으로 산술평균*Arithmetic mean*, 기하평균*Geometric mean*, 조화평균*Harmonic mean* 등을 포괄

5 가중치, 가중합, 가중평균의 구분
   - 가중치*Weight*: 똑같은 자료가 얼마나 많은가를 나타냄.
     (예) 가중치가 2이면 해당 자료가 2개 존재한다는 뜻
   - 가중합*Weighted Sum*: 복수의 자료에 가중치를 곱한 후 이 곱셈 결과들을 다시 합한 값
     (예) 국어 20%, 수학 50%, 영어 30%를 반영하여 총점을 100점으로 환산할 경우, 국어 90점, 수학 100점, 영어 80점을 맞은 학생은 $90 \times 0.2 + 100 \times 0.5 + 80 \times 0.3 = 18 + 50 + 24 = 92$점(100점 만점)이 됨.
   - 가중평균*Weighted Mean*: 자료의 상대적인 중요도를 감안하여 투자나 점수를 수학적으로 환산한 평균

(예) 100km/h로 4분, 130km/h로 2분 동안 달린 자동차의 구간평균속도를 구하면 다음과 같음.

구간평균속도 = (100×4+130×2)/(4+2)=110(km/h)

따라서 구간단속속도가 110km/h인 구간에서는 단속 카메라에 걸리지 않음.

6 왜도는 확률변수 X의 기댓값 μ와 분산 σ²에 대하여 $\dfrac{E(X-\mu)^3}{\sigma^3}$로 구함.

7 성과주의 인사제도에서는 직원들이 개인 및 팀의 성과평가 결과에 따라 일반적으로 세 집단(고성과자-보통-저성과자; 핵심인재-보통인재-저성과자; A player-B player-C player 등)으로 분류됨.

8 인구조사 또는 총조사: 한 나라 또는 특정 지역에서 일정 시점의 통계 작성 집단 내의 모든 사람을 대상으로 실시하는 통계 조사. 원칙적으로 조사 대상을 전수(全數) 조사. 인구표본조사, 장래인구추계 등 다른 인구통계의 벤치마크가 됨.

9 분위수: 크기 순서로 나열한 자료를 구간으로 나눌 때 기준이 되는 수. 전체를 몇 개로 나누는가에 따라 앞에 숫자가 붙음.

(예) 이분위수: 전체를 둘로 나누는 분위수, 기준으로 왼쪽의 넓이가 0.5, 오른쪽의 넓이가 0.5임.

삼분위수Tertiles: 전체를 셋으로 나누는 분위수, 누적확률이 1/3이 되는 확률변수는 1삼분위수, 누적확률이 2/3가 되는 확률변수는 2삼분위수

사분위수Quartiles: 전체를 넷으로 나누는 분위수, 누적확률이 1/4이 되는 곳의 확률변수는 1사분위수, 누적확률이 2/4가 되는 곳의 확률변수는 2사분위수, 누적확률이 3/4가 되는 곳의 확률변수는 3사분위수. 누적확률이 0이 되는 곳의 확률변수는 영사분위수, 누적확률이 1이 되는 곳의 확률변수는 4사분위수

10 또는 이상치를 '평균±(3×표준편차)'를 벗어난 값으로도 정의함.

11 옵션Option: 선물거래에서 일정 기간 내에 특정 가격으로 상품 · 주식 · 채권 등을 팔거나 또는 살 수 있는 권리

12 중심극한정리central limit theorem, CLT(中心 極限 定理) : 동일한 확률분포를 가진 독립 확률변수 n개의 평균의 분포는 n이 적당히 크다면 정규분포에 가까워진다는 정리

즉, 모평균 μ, 모분산 σ²인 모집단에서 임의로 추출한 크기 n의 서로 독립인

표본을 $X_1, X_2, \cdots, X_n$이라 할 때, n이 커지면 표본평균 X의 분포는 정규분포 $N(\mu, \sigma^2/n)$에 근사

13 표준정규분포표에서 $P(0 \leq Z \leq 2.64) = 0.4959$이므로 p-값을 계산하면 다음과 같음. 즉,

$$P(Z \leq -2.64) = P(Z \geq 2.64) = 0.5 - P(0 \leq Z \leq 2.64) = 0.5 - 0.4959 = 0.0041$$

이므로 p-값은 약 0.0083.

14 표준정규분포표에서 $P(0 \leq Z \leq 0.03) = 0.0120$이므로 p-값을 계산하면 다음과 같음. 즉,

$$P(0.03 \leq Z) = 0.5 - 0.0120 = 0.4880$$

15 재현성위기: 과학적 연구가 재현하기 어렵거나 불가능하다는 것이 밝혀진 방법론적 위기. 원 실험의 연구에서 통계적으로 유의한 결과가 나왔으나 재현 연구에서 통계적으로 유의한 결과가 매우 적게 나오는 경우

16 데이터 염탐편향: 자료를 이미 본 후에 알고리즘을 결정하면 Overfitting이 될 수 있다는 의미. 자료를 보고 알고리즘을 선정하면 자료가 바뀌게 되었을 때 기대 성능이 나오지 않을 가능성이 높음.

17 출판편향: 통계적으로 유의한 결과만을 보여주는 연구를 발표할 가능성이 높으며, 유의미한 결과가 나오지 않은 연구는 발표하지 않는 경향이 있음.

18 가설검정에서는 H_0에 맞추어 의사결정을 내림. 따라서 제1종 오류는 H_0이 참인데 이를 기각하는 오류이고 제2종 오류는 H_0가 거짓인데 이를 유지하는 오류라고 해석

19 민사소송에서는 원고와 피고가 존재함. 이때, 원고와 피고를 나누는 기준으로 누가 잘못했는지는 전혀 중요치 않으며, 누가 소송을 제기하였는가를 기준으로 구분함
- 원고: 소송을 청구한 사람
- 피고: 그 청구를 받는 사람
  (예) A씨는 B씨에게 돈을 빌려주었지만 B씨는 A씨의 요구를 무시한 채 지속적이고 의도적으로 돈을 갚지 않고 있다. 그래서 결국 A씨는 B씨를 상대로 소송을 걸었다. : A씨 - 원고, B씨 - 피고

20 거짓 양성*False positive*: 제1종 오류를 의미, 통계상 실제로는 음성인데 검사 결과가 양성이라고 나오는 것. 위양성(僞陽性) 혹은 거짓 경보*False alarm*라고도

부름

　　(예) 메일이 스팸 메일인지 검사하는 프로그램이 있을 때, 어떤 메일이 실제로는 스팸 메일이 아니지만 프로그램 검사 결과 스팸 메일이라고 판정

21　거짓 음성*False negative*: 제2종 오류를 의미, 통계상 실제로는 양성인데 검사 결과가 음성이라고 나오는 것

22　역자는 Threshold(=cut off)를 '기준값'으로 선택했지만, 문턱값, 역치, 임계 값 등으로 쓰이기도 함. 한글에서 Threshold는 '문턱'으로 번역되며, 문턱값(Thresholding Value)이라 하면 이 값을 기준으로 상황이 급격하게 변한다는 것을 나타냄. 즉, Threshold는 어떤 반응을 일으키기 위해 요구되는 최소한의 자극의 세기이며, 자극의 세기가 Threshold 값을 넘으면 반응을 일으키고, Threshold 값을 넘지 못하면 반응이 일어나지 않는다고 해석됨

　　(예) 반올림에서 0.5를 기준으로 이보다 작으면 0, 이보다 크면 1이므로, 문턱 값은 0.5가 됨.

23　'Beyond a reasonable doubt'은 법(law)에 관련된 표현임

　　(예) guilt beyond a reasonable doubt란 합리적인 의심의 여지가 없는 유죄

　　(예) There is evidence beyond a reasonable doubt that he committed the crime.

　　　그가 범죄를 저질렀다는 합리적인 의심이 들지 않을 정도의 증거가 있다.

24　증거의 우위성: 내가 주장하는 사실이 진실일 가능성이 51%이면 이긴다는 의미, 내가 보인 증거가 상대의 주장과 증거보다 조금이라도 더 진실임을 보일 수 있다면 재판에서 승소한다는 것. 대부분의 민사에서는 배심원들이 조금이라도 더 설득력있는 쪽의 손을 들어주기 위해 이 기준을 사용

25　상충관계*Trade-off*: 하나가 증가하면 다른 하나는 무조건 감소한다는 의미

　　(예1) 실업률을 줄이면 물가가 상승하고, 물가를 안정시키면 실업률이 높아진다.

　　(예2) 질과 양 가운데 질을 늘리면 양이 줄고, 양을 늘리면 질이 떨어진다.

　　(예3) A물건 개발에서 개발시간을 늘리면 제품의 완성도는 높아지지만, 개발 시간이 늘어날수록 비용이 증가한다.

26　소액재판: 민사소송에서 원고가 청구하는 금액이 3,000만 원 이하인 재판

27　비중심성 모수*Non-centrality parameters*: 다른 '중심성*centrality*' 계의 분포와 관련된 확률분포의 모수. 통계적 검정력을 계산하는 방법으로 사용. 이때, 귀무 가설이 틀렸고 대립가설이 맞을 때의 검정통계량의 분포

중심성 분포central distribution: 검정된 차이가 0(null)일 때, 검정통계량의 분포

비중심성 분포Non-central distribution: 0(null)이 틀렸을 때(즉, 대립가설이 맞을 때) 검정통계량의 분포

28 $(1-0.07) \times 100 = 0.93$

29 비용편익분석Cost-Benefit Analysis: 여러 대안 가운데 가장 효과적인 대안을 찾기 위해 각 대안이 초래할 비용과 편익을 비교·분석하는 자원배분에 관한 합리적 의사결정을 위한 기법. 이때 비용이란 주어진 목표의 달성을 위하여 요구되는 구체적인 자원을 의미

30 고셋이 근무했던 1900년대 초반의 기네스는 양조 기술자가 가진 최고의 경험을 통해 맥주를 생산하는 회사였음. 그런데 고셋은 맥주 맛이 일정하지 않음에 불만을 가졌으며 일정한 맛을 내기 위한 연구를 결심. 그리고 맥주 맛을 결정하는 효모를 분석해 일정한 맛을 유지할 수 있도록 효모의 양을 결정하는 데 통계 기법을 활용. 하지만 그에게는 충분한 시간과 비용 그리고 인력이 부족했으며 특히 표본이 작았고, 어떻게든 작은 표본으로 모집단을 추론해야 했는데, 그때까지만 해도 표본이 작아 정규분포를 벗어나면 인정할 수 없는 오차가 나온다는 것이 정설이었기에 이 문제를 해결하고자 작은 표본도 정규분포를 따를 거라고 가정하고 자유도라는 개념을 통해 새로운 분포 즉, T-분포를 만듦.

31 이후에도 고셋은 'Student'라는 필명으로 20여 편의 논문을 발표. 고셋이 작고한 뒤 학회에서 그를 기념하기 위한 모금의 일환으로 기네스를 방문해 Student가 고셋이라는 사실을 알리기 전까지 회사는 이 사실을 까마득히 몰랐다고 함.

32 2017년 벤자민Daniel J. Benjamin 등은 통계적 유의성을 검정하기 위하여 유의확률(p-value)의 기준값을 0.05에서 0.005로 변경할 것을 제안. 유의확률을 나타내는 p-값은 집단 간 차이나 관계 등이 우연에 의한 것인지 또는 연구 중인 변수로 인한 것인지를 나타내기 위해 널리 사용되며 관례로 p-값이 0.05 미만이면 결과가 통계적으로 '유의하다significant'고 간주하고 있으나 일부 학자들은 거짓 양성false positive(제2종 오류)이 보고되는 것을 막기 위해 기준값을 0.005로 낮춰야 한다는 의견을 표명했음.
(https://www.nature.com/articles/s41562-017-0189-z)

33 예르지 네이만과 에곤 피어슨은 10년(1928-1938)에 걸쳐 공동연구를 하면서

통계적 가설검정에 관한 문제들과 10개의 공동논문을 여러 학술지에 발표함. 두 사람은 대립가설(귀무가설 이외의 가설)하에서와 귀무가설하에서의 관찰된 표본에 대한 최대우도의 비를 구하는 우도비 기준을 고려하여 여러 통계검정 방법들에 대해 통일된 논리적 근거를 마련함. 특히 1928년에 발표한 논문에서 두 가지 종류의 오류, 검정력, 단순가설 또는 복합가설 등을 포함한 주요 개념들을 소개함.

34   Neyman – Pearson decision theory(Gigerenzer, 2004)

1. Set up two statistical hypotheses, H_0 and H_1, and decide about α, β, and sample size before the experiment, based on subjective cost-benefit considerations. These define a rejection region for each hypothesis.

2. If the data falls into the rejection region of H_0, accept H_1; otherwise accept H1. Note that accepting a hypothesis does not mean that you believe in it, but only that you act as if it were true.

3. The usefulness of the procedure is limited among others to situations where you have a disjunction of hypotheses (e.g., either $\mu_1=8$, $\mu_2=10$ is true) and where you can make meaningful cost-benefit trade-offs for choosing alpha and beta.

35   매슬로우의 해머*Maslow's Hammer*: 익숙한 도구에 지나치게 의존하는 인지적 편견을 뜻하며, 저명한 심리학자 에이브러햄 매슬로우의 이름을 따서 지어짐. 즉, 다른 도구로 해결 가능한 문제인데도 알려진 도구(망치)만을 과도하게 사용하는 경향(망치가 모든 상황에서 가장 적합한 도구는 아님에도 불구하고)을 표현한 것. 아인슈텔룽 효과*Einstellung effect*로도 알려져 있음.

36   https://m.blog.naver.com/sw4r/222035001670

37   p-값=$2\times\{1-P(Z\leq0.800)\}=2\times(1-0.7881)=2\times0.2119=0.4238$

38   General Election: Trump vs. Biden
https://www.realclearpolitics.com/epolls/2024/president/us/general-election-trump-vs-biden-7383.html

39   2016년 미국 선거 예측에서 가장 근본적인 문제로 지적되고 있는 것은 여론조사 표본이었음. 많은 여론조사에서 '숨은 핵심 트럼프 지지층'인 저학력 백인들의 대표성은 과소평가 되었던 반면, 클린턴 지지층인 이민자 및 흑인들은 과대평가 되었던 것으로 알려졌으며, 트럼프 지지자들은 정치에 대한 관심과 지식이 낮아 조사에 응답하지 않는 경향이 있었고, 여론조사에 답을 하

는 경우에도 트럼프에 투표할 것이라는 사실을 부끄러워해 트럼프 지지를 드러내지 않았다고 함.

40 보통은 X를 Y에 대한 독립변수이라 함.

41 Y절편: X=0일 때 Y값

42 기울기: 직선이 기울어진 정도,
X값의 증가량에 대한 Y값의 증가량의 비율 = $\dfrac{\text{Y의 증가량}}{\text{X의 증가량}}$

43 회귀분석Regression analysis(回歸分析): 관찰된 연속형 변수들에 대해 두 변수 사이의 모델을 구한 뒤 적합도를 측정해 내는 분석 방법
  • 영국의 유전학자 프랜시스 골턴은 부모의 키와 아이들의 키 사이의 연관 관계를 연구하면서 부모와 자녀의 키 사이는 선형적인 관계이고, 키가 커지거나 작아지는 것보다는 전체 키 평균으로 돌아가려는 경향이 있다는 가설을 세워 분석, 이 방법을 '회귀분석'이라고 명명
  • 칼 피어슨은 아버지와 아들의 키를 조사한 결과를 바탕으로 함수 관계를 도출하여 회귀분석 이론을 수학적으로 정립.
  • 시간에 따라 변화하는 자료나 어떤 영향, 가설적 실험, 인과 관계의 모델링 등의 통계적 예측에 이용
  • 단순회귀분석Simple regression analysis: 하나의 종속변수와 하나의 독립변수 사이의 관계를 분석
  • 다중회귀분석Multiple regression analysis: 하나의 종속변수와 여러 독립변수 사이의 관계를 분석

44 한계효과: 다른 모든 변수가 일정하게 유지되는 동안 한 변수의 순간 단위 변경이 결과 변수에 미치는 영향을 측정한 것
(예) 모델 $Y = \alpha + (\beta_1 X_1 + \beta_2 X_1{}^2) + \beta_3 X_2 + \varepsilon$ 에 대하여
  • 독립변수 X_1에 대한 한계효과: $\partial Y / \partial X_1 = \beta_1 + 2\beta_2 X_1$
  • 독립변수 X_2에 대한 한계효과: $\partial Y / \partial X_2 = \beta_3$

45 예를 들어, FDA[Food and Drug Administration] 승인이 대표적임.
  • 식품, 의약품 관련 미국의 행정기구
  • 미국 내에서 생산되는 식품, 의약품, 화장품, 의료장비 및 수입품과 일부 수출품의 효능과 안정성을 판단해주는 기관
  • FDA 인허가는 크게 의약품/의료기기/식품/화장품으로 나눔.

46 위약(僞藥) 또는 플라시보*placebo*: 치료에 전혀 도움이 되지 않는 가짜 약제를 심리적 효과를 얻기 위하여 환자가 의학이나 치료법으로 받아들임으로써 실제로 치료 효과가 나타나는 현상

47 국내 총생산*Gross Domestic Product, GDP*: 한 국가의 영토 내에서 가계, 기업, 정부 등 모든 사람이 만들어낸 모든 완제품 및 서비스의 총 화폐 또는 시장 가치

48 자기회귀모델*Autoregressive model*: 변수의 과거 값의 선형 조합을 이용하여 관심 있는 변수를 예측. 자기회귀*Autoregressive*라는 단어에는 자기 자신에 대한 변수의 회귀라는 의미가 포함

49 계절변동과 계절변동조정
   • 계절변동: 경제통계 이용 시, 기후나 설·추석과 같은 사회적 관습 및 제도 등으로 인해 흔히 1년을 주기로 반복하여 움직이는 변동 현상
   (예) GDP는 농산물의 수확, 영업일수의 차이 등으로 매년 1분기에는 작게, 4분기에는 크게 나타남
   • 계절변동조정: 경제통계 내에 존재하는 계절변동 성분을 통계적 분석기법을 사용하여 원래의 통계로부터 제거하는 절차. 계절변동을 제거하여 인접 기간 간 경제통계를 직접 비교하거나 여러 통계 간의 인과관계를 바르게 파악

50 실질 GDP: 한 나라 안에서 생산된 최종 생산물의 가치를 과거의 기준 연도 가격으로 환산한 GDP

51 시장 근본 가치*Market fundamental*:
   • 한 나라의 경제상태를 표현하는 가장 기초적인 자료인 성장률
   • 물가 상승률, 실업률, 경상수지 등의 주요 거시 경제지표
   • 펀더멘털이 좋은 국가는 경제적으로 안정적으로 성장하고 있다고 봄.
   • 기업의 펀더멘털이 좋다는 뜻은 기업이 안정적인 성장을 하고 있다는 의미
   • 주식시장에서 기업의 성장 가능성과 경제적인 가치를 설명할 때 사용
   • 주식시장 전체 종목의 펀더멘털이 안정적이면 주식시장의 펀더멘털이 좋다고 함.

52 자산관리 전문가(펀드매니저): 주식 시장의 변동에 따라 포트폴리오를 조합하여 최대한의 투자수익을 올리도록 노력하는 전문가로 자산 운용을 전문으로 함.

53 트레이더: 주식, 선물, 옵션 등 합법적인 금융투자 수단을 통해 투자를 실행해

증권사의 자산을 운영하는 딜러

54 본 책을 번역하는 시점에서는 약 400만 개의 논문이 확인됨.

55 인덱스펀드*Index Fund*: 특정 지수의 수익률과 동일하거나 유사하게 올리는 방식을 목표로하는 펀드. 펀드매니저 한 개인의 능력의 여하에 따른 수익보다 시장의 여건이나 환경만을 고려해서 수익을 내는 쪽으로 투자를 하기 위해 특정 지수를 수익의 지표로 삼아 추종하는 펀드. 수익률 추종 기준 지수가 존재

56 모멘텀 전략: 자산의 과거 성과가 앞으로도 일정 기간 동안 지속된다는 가정에 기반한 전략. 성과가 좋았던 자산은 한동안 좋은 성과가 유지될 것이고, 성과가 안 좋았다면 앞으로도 나쁠 것이라 보고 투자 계획을 세움.

57 컨트래리언: 반대 의견을 가진 사람. (통념과 반대되는 투자를 하는)역투자로 증권 거래에서 일반 투자가들이 매도하는 때에 주식을 사고, 매수할 때에 매도하는 반대 사고(思考)의 주식 투자 운영자

58 반전투자 전략: 기존 문헌들이 인식하고 있는 것과 같이 과거 성과가 열등한 패자주*Loser*를 매입하고 반대로 우수한 승자주*Winner*를 매도하는 차익거래전략

59 팩터 투자: 장기적으로 시장 대비 초과수익을 창출할 수 있는 요인에 대한 투자. 자산의 수익률에 영향을 미치는 다양한 요인을 기반으로 투자하는 것

60 팩터주: 스탠퍼드 대학의 후버연구소에 재임하고 있는 코크레인(John H. Cochrane, 1957.11.26~)이 2011년에 투자 업계에서 계속 증가하고 있는 팩터들을 표현한 단어

61 바젤 은행 감독 위원회(銀行監督委員會, Basel Committee on Banking Supervision, BCBS): 국제결제은행(BIS) 산하 위원회로 감독당국 간 현안을 협의하고 국제적인 감독 기준을 제정하는 곳
  • 1974년 6월 독일 에르스타트 은행*Herstatt Bankhaus* 파산에 따른 국제 통화·금융시장의 불안정 이후 G-10 국가 중앙은행 총재 회의의 결의로 은행 감독에 관한 각국 간 협력 증대를 위해 국제결제은행(BIS) 산하 위원회로 1974년 12월에 설립
  (2023년 6월 현재) G-20 국가를 포함한 28개국(EU 포함)의 45개 중앙은행 및 은행감독기관이 참여
  • 대한민국은 2009년 3월 15일에 가입

62 바젤 I, 바젤 II, 바젤 III

63 VaR*Value at Risk*: 위험을 감안한 가치
   • VaR는 기업의 포트폴리오가 시장위험으로 인한 금융자산의 가격변화로 입을 수 있는 최대 손실 예상액을 추정한 수치
   • 델타노말 방법
   - VaR=기초자산×변동성×신뢰수준×√보유기간
   - 기초자산이 클수록, 변동성이 클수록, 신뢰수준이 높을수록, 보유기간이 길수록 VaR이 높아짐
   (예) 주식시가 1,000억원, 주가변동성 2.5%, 99%의 신뢰수준(Z=2.33), 보유기간 2주일(영업일 10일)의 VaR
   VaR=1000억×0.025×2.33×$\sqrt{10}$≒184억원

   즉 99% 확률로 최대 184억원을 잃을 수 있음을 의미

64 다음 블로그를 참고하면 도움이 될 것으로 보임
   https://m.blog.naver.com/modernyoon/222141978307

65 0.05=5/100=1/20, 즉 20번 중에 1번꼴로 발생 가능함.

66 연구결과물 등에 통계적 유의성을 쉽게 알아볼 수 있도록 별표(*)를 붙여주는 경우가 많음.
   (예) p-값이 0.05 미만이면 *, 0.01 미만이면 **, 0.001 미만이면 ***로 표기
   통계 소프트웨어가 정확히 계산해줄 경우 p-값 그 자체를 명기해주는 것이 좋음

67 https://gking.harvard.edu/files/gking/files/0314policyforumff.pdf

68 체리피킹*Cherry picking*: 최선 또는 가장 바람직한 선택(Merriam-Webster Dictionary, 2020) 또는 불공평한 방법으로 단지 최고의 사람이나 물건을 선택(The Cambridge International Dictionary of Idioms, 2020)하는 것.
   • 어떤 회사의 제품이나 서비스 가운데 비용 대비 효율이 뛰어나거나 인기 있는 특정 요소만을 골라 합리적으로 소비하려는 현상을 가리키는 경제 용어
   • 나무에 열린 체리 가운데 가장 탐스러운 열매만 따서 먹는 행위' 또는 '케이크 위에 얹어져 있는 체리만 집어먹는 행위'라는 뜻에서 비유
   • 오늘날에는 '감당하기 어렵거나 중요하다고 여기지 않는 부분은 버리고, 자신이 정확하게 원하는 부분만 취하는 행위'까지 두루 일컫는 말, 주로 부정적인 뜻으로 사용

- 체리피커는 기회주의적으로 최고만을 선택하고 나머지는 선택하지 않는 구매자를 주로 지칭
- 논리학에서 '자신에게 유리한 근거만을 취사선택하고 불리한 근거를 은닉함으로써 주장을 고수하려는 오류(아전인수격 해석)'를 의미, '불완전한 증거의 오류*fallacy of incomplete evidence*'라고도 함

69   데이터 스누핑, 데이터 마이닝, p-해킹
- 데이터 스누핑: 자료를 분석하기 전에 여러 번의 시도를 통해 원하는 결과를 얻으려는 것. 이러한 방식으로 분석된 결과는 신뢰성이 떨어질 수 있음.
- 데이터 마이닝: 대규모의 자료에서 유용한 정보를 추출하는 기술
- p-해킹: 통계적 가설검정에서 발생, 여러 번의 시도를 통해 원하는 결과를 얻으려는 것

70   https://papers.ssrn.com/sol3/papers.cfm?abstract_id=2893930

71   《사이언스》의 〈구글 트렌드가 준 교훈: 빅데이터 분석의 함정(The Parable of Google Flu: Traps in Big Data Analysis)〉 논문은 독감 트렌드의 예측 능력 실패를 다룸. 독감 트렌드가 2011년 8월 이후 108주 중에서 100주 동안 실제 독감 발병보다 더 높은 값을 예측했다고 발표
https://www.science.org/doi/10.1126/science.1248506

72   쿼리Query: 데이터베이스에 정보(특정한 주제어나 어귀)를 요청하는 것. 웹 서버에 특정한 정보를 보여달라는 웹 클라이언트 요청(주로 문자열을 기반으로 한 요청)에 의한 처리

73   Tim Harford(2014). Big data: A big mistake?. Significance 11(5), 14-19. https://rss.onlinelibrary.wiley.com/doi/full/10.1111/j.1740-9713.2014.00778.x

74   니콜라스 케이지가 출연한 영화가 많이 개봉한 해에는 수영장에 빠져 익사한 사람의 수가 증가하였으며, 니콜라스 케이지가 출연한 영화가 적게 개봉한 해에는 수영장에 빠져 익사한 사람의 수가 감소. 그 이유는 니콜라스 케이지가 출연한 영화가 주로 여름에 개봉하였고, 여름에는 자연스럽게 수영장에 가는 사람의 수가 증가하였기 때문에 익사 사고도 증가했던 것. 여름이라는 계절이 제3의 변수 즉, 외생변수로 작용함으로써 두 가지의 사건이 상호작용하는 것처럼 보였던 것임.

75   호주의 여러 해변에서 '아이스크림 판매'와 '상어 공격 횟수' 사이에 강한 상

관관계가 있음을 발견. 여름에 날씨가 더워 아이스크림 판매가 증가했고, 여름에 날씨가 더워 해변에 가는 피서객이 증가하면서 상어에 의한 공격을 받는 빈도 또한 증가하게 된 것. 여름이라는 계절이 제3의 변수 즉, 외생변수로 작용함으로써 두 사건이 상호작용하는 것처럼 보였음.

76 망치라는 해결 수단만을 들고 있으면 모든 문제를 망치로 벽에 못을 박아 해결하려 한다는 의미 제한된 경험에 따른 해결의 위험성을 언급

77 미국통계학회 2016 성명서의 6가지 원칙
   1. P-values can indicate how incompatible the data are with a specified statistical model.
   2. P-values do not measure the probability that the studied hypothesis is true, or the probability that the data were produced by random chance alone.
   3. Scientific conclusions and business or policy decisions should not be based only on whether a p-value passes a specific threshold.
   4. Proper inference requires full reporting and transparency.
   5. A p-value, or statistical significance, does not measure the size of an effect or the importance of a result.
   6. By itself, a p-value does not provide a good measure of evidence regarding a model or hypothesis.

78 The ASA Statement on p-Values: Context, Process, and Purpose (tandfonline.com)

79 서랍문제: 연구자가 이끌어낸 결과들 중에서 출간하기 힘든 결과들은 '서류함 안에' 처박힌 채 세상의 빛을 보지 못하고 사장됨을 나타내는 단어

80 https://www.aeaweb.org/articles?id=10.1257/aeri.20190252

옮긴이의 말

원서의 제목은 'The Art Of Statistical Thinking'이다. 4차 산업혁명, AI, 빅데이터 등이 강조되는 시대가 진행되면서 너무나 중요해진 단어가 '통계적 사고*Statistical Thinking*'인데, 저자는 이를 '예술*Art*'로 담으려 했다. 역자는 통계적 사고가 어떻게 예술로 표현 가능한지 궁금하여 처음 이 책을 읽기 시작했는데, 역자가 가진 견해로는 이 책에서 예술보다는 통계적 사고로 얻을 수 있는 '힘*Power*'이 좀 더 강하게 느껴졌다. 그리고 예술과 힘, 두 단어 사이에 오묘한 동질감이 느껴졌다. 저자는 통계적 사고로부터 파생되는 모든 힘을 아마 예술로 보고 싶었던 것 같다.

분명한 건, 많은 사람들은 통계가 실생활에 흔하게 쓰이고 있음을 잘 모르는 경우가 많다는 것이다. 단지 학교에서 수학 과목의 한 단원으로 배운다거나, 통계를 전문적으로 전공하는 부류만의 지식으로 여기는 것 같다. 그러나 우리 모두는 자신의 삶 속에서 매일 결정을 하면서 통계적으로 사고하고, 통계적 사고를 적극 사용한다. 개인의 작은 결정부터 국가 및 국제적 차원의 큰 결정까지, 계획, 투자 등 수많은 결정의 순간마다 모두가 통계적 사고를 한다. 그래서 통계적 사고는 우리의 삶을 아름답고

풍요롭게 채우는 예술인 것이다.

나는 여러 외국 통계 관련 서적을 찾던 중에 이 책이라면 통계를 전공하는 학생뿐 아니라 일반인들도 통계적 사고의 필요성과 중요성, 나아가 그 이상의 힘과 아름다움을 쉽게 경험할 수 있을 것 같다는 생각이 강하게 들었다. 독자들은 이 책을 통해 통계에 대한 지식과 특징 그리고 실생활의 적용까지 더 넓고 깊게 경험할 수 있을 것이다.

통계라는 분야는 앞으로 더욱더 중요 학문으로 인정받고 널리 활용될 것이다. 이 책을 읽고 통계에 좀 더 관심을 갖고 이 세상을 통계로 소통하는 사람들이 많아진다면, 역자 또한 반가운 일일 것이다. 통계 전공자는 물론, 일상적인 삶 속에서 통계를 생활화하는 국민이 많아져 국가 경쟁력에서 우위를 차지했으면 하는 바람이다.

마지막으로 본 책의 4장 번역에 아낌없는 관심과 조언을 주신 성균관대학교 황수성 교수님께 깊은 감사를 드린다. 이 책이 세상과 소통할 수 있도록 함께해 주신 모든 분들께 진심으로 고마운 마음을 전한다.

The Art of Statistical Thinking

통계적 사고의 힘

1판 1쇄 인쇄 2023년 10월 10일
1판 1쇄 발행 2023년 10월 16일

지은이	앨버트 러더퍼드 · 김재현
옮긴이	박경은 · 김형표
펴낸이	유지범
책임편집	구남희
편집	신철호 · 현상철
외주디자인	심심거리프레스
마케팅	박정수 · 김지현

펴낸곳	성균관대학교 출판부
등록	1975년 5월 21일 제1975-9호
주소	03063 서울특별시 종로구 성균관로 25-2
전화	02)760-1253~4
팩스	02)760-7452
홈페이지	http://press.skku.edu/

ISBN 979-11-5550-603-5 03410